rowohlt
POLARIS

Andreas O. Loff

Das geht nicht mehr weg

KI in der Welt von morgen

Rowohlt Polaris

3. Auflage Mai 2026

Originalausgabe
Veröffentlicht im Rowohlt Taschenbuch Verlag,
Kirchenallee 19, 20099 Hamburg, April 2026

Covergestaltung Hauptmann & Kompanie Werbeagentur, Zürich
Coverabbildung Jonathan Meese
Innentypografie Simon Methner
Satz aus der Crimson Pro bei CPI books GmbH, Leck
Druck und Bindung CPI books GmbH, Leck
ISBN 978-3-499-01901-2

Kontaktadresse nach EU-Produktsicherheitsverordnung:
produktsicherheit@rowohlt.de

Inhalt

«And some deer, resting in the sun.
With a Bambi. Photorealistic.»

Vorwort

Von Killerrobotern und Kühlschränken

von Florence Gaub

Der Computer HAL 9000 verweigert die Befehle seiner Besatzung und tötet sie kaltblütig im Kultfilm *2001: Odyssee im Weltraum*. Der *Terminator* reist durch die Zeit, um die Menschheit auszulöschen. In *I, Robot* entwickeln Maschinen einen eigenen Willen und wenden sich gegen ihre Schöpfer. Skynet wird sich seiner selbst bewusst und beschließt binnen Sekunden, dass die Menschheit das Problem ist. Die Botschaft, die uns Hollywood und die Science-Fiction-Literatur seit Jahrzehnten einbläuen, ist unmissverständlich: Künstliche Intelligenz ist gefährlich. Sie wird uns erst die Arbeit wegnehmen, dann die Kontrolle und schließlich das Leben.

Kein Wunder also, dass viele Menschen beim Wort «KI» zusammenzucken. Wir haben jahrzehntelang gelernt, uns vor ihr zu fürchten – durch Filme, Bücher und zunehmend auch aufgrund von Nachrichtensendungen, die mit dramatischer Musik unterlegt fragen: «Übernehmen die Maschinen?»

Und dann kommt Andreas Loff und nimmt einem die Angst. (Okay, mir hat «Loffi», wie ich ihn nennen darf, sie erst genommen, nachdem er mir auf einer Bühne fast ein Glas Rotwein über das Kleid geschüttet hatte – erst danach kamen wir darauf zu sprechen, was man mit KI machen kann und was auch nicht.) Bei ebenjener Militärkonferenz machte er Furore, einerseits wegen seines rosafarbenen Anzugs, andererseits, weil er die Kriege der Zukunft mithilfe von KI so überzeugend visualisieren konnte, dass niemand mehr zweifelte, dass wir alles tun müssen, um sie zu verhindern. Er hat aber auch NATO-Mondbasen geschaffen, mich im Star-Wars-Kostüm surfen lassen und eine ganz gemütliche NATO-Defense-College-Kantine aus dem Jahr 2101 entworfen. Und er hat mir und meinem Team unterhaltsam beigebracht, wie man das alles selbst machen kann.

Niemand nutzt die KI so furchtlos, aber auch humorvoll als Ausdruck dessen, was sein könnte, wie Andreas Loff, und deshalb nenne ich ihn einen KI-Künstler. Oder KI-Pionier. Denn Loffi hat früher damit herumzuexperimentieren begonnen als andere, er war einer der Ersten, der die Grenzen von KI getestet hat. Er hat ihr wie einem Hund den Ball zugeworfen und geschaut, womit sie zurückkommt. Dabei hatte er natürlich viel Spaß, aber vor allem hat er viel gelernt dabei.

Und genau das ist die zentrale These dieses Buches: Wir fürchten uns vor KI, weil wir sie nicht verstehen. Und wir verstehen sie nicht, weil wir keine Gelegenheit haben, sie wirklich kennenzulernen, uns damit zu beschäftigen, was sie kann. Das muss sich ändern. Die Angst vor KI sitzt tief, sie ist kulturell verankert, emotional aufgeladen. Nicht, dass KI harmlos wäre. Natürlich gibt es Risiken. Aber die Angst, die wir empfinden, steht in einem fundamentalen Missverhältnis zu unserem Wissen über KI.

Was wir «künstliche Intelligenz» nennen, ist weder künstlich im eigentlichen Sinne noch intelligent wie ein Mensch. Es sind mathematische Modelle, die Muster erkennen. Sehr komplexe, sehr leistungsfähige Muster – aber eben Muster. ChatGPT ist kein HAL 9000. Es ist eher ein sehr elaborierter Papagei, der gelernt hat, wie menschliche Sprache funktioniert, ohne zu wissen, was Sprache bedeutet. Das macht diese Werkzeuge nicht weniger nützlich, nicht weniger revolutionär. Aber es macht sie begreifbar.

Darum geht es in diesem Buch: um das Begreifen. Wörtlich. Mit den Händen, mit dem Kopf, mit der eigenen Erfahrung. Denn KI versteht man nicht durch Lesen von Zeitungsartikeln oder durch das Anschauen von Dokumentationen. Man versteht sie, indem man sie benutzt. Ausprobiert. Damit spielt. Fehler macht und daraus lernt. «Frustration gehört zum Prozess dazu», sagte Loffi oft, als er sie uns beibrachte, und er lachte immer ein bisschen schelmisch dabei.

Andere Länder haben das längst begriffen. In China lernt man bereits in der Grundschule, wie maschinelles Lernen funktioniert. Nicht als abstraktes Konzept, sondern als praktische Fertigkeit. Die Kinder trainieren kleine Modelle, programmieren einfache Algorithmen, erleben am eigenen Bildschirm, was diese Technologie kann – und was nicht. Wenn diese Kinder erwachsen sind, werden sie keine Angst vor KI haben. Sie werden sie als das sehen, was sie ist: ein Werkzeug. Mächtig, aber steuerbar. Nützlich, aber fehlbar.

Wir in Europa hingegen diskutieren lieber. Wir regulieren, bevor wir verstehen. Wir warnen, statt zu befähigen. Wir behandeln KI wie ein Mysterium, das nur Eingeweihten zugänglich ist – und wundern uns dann, dass die Bevölkerung verunsichert ist.

Das muss sich ändern. Wir brauchen keine weiteren Warnungen vor der KI-Apokalypse. Wir brauchen Volkshochschulkurse, in denen Menschen lernen, mit ChatGPT ihren Lebenslauf zu verbessern. Wir brauchen Schulunterricht, in dem Kinder verstehen, warum ein Algorithmus manchmal diskriminiert – und wie man das verhindert. Wir brauchen staatlich geförderte Programme, die KI-Kompetenz als das behandeln, was sie ist: eine Kulturtechnik des 21. Jahrhunderts, so grundlegend wie Lesen und Schreiben. Wir brauchen mehr von der Geisteshaltung, dem Humor und der Furchtlosigkeit von Andreas Loff.

Der spielerische Zugang ist dabei kein Luxus, sondern Notwendigkeit. Erwachsene wie Kinder lernen am besten, wenn sie experimentieren dürfen, ohne Angst vor Fehlern. Wenn sie entdecken statt pauken. Wenn sie erleben, dass KI kein Hexenwerk ist, sondern eine Technologie, die auf nachvollziehbaren Prinzipien beruht – auch wenn diese Prinzipien komplex sind.

Loffi will genau das ermöglichen. Er will die Barriere zwischen «den Menschen» und «der KI» einreißen. Er will zeigen, dass man kein Informatikstudium braucht, um zu verstehen, was hier passiert. Und er will vor allem eines: die Angst nehmen, die uns lähmt, und sie ersetzen durch Neugier, die uns befähigt.

Der Terminator wird nicht kommen. Aber die Zukunft kommt – und sie wird von denen gestaltet, die sie verstehen. Lassen Sie uns anfangen.

Über dieses Buch

Wie viel KI steckt drin?

«Du schreibst ein Buch über KI? Na, das schreibt dir doch sicher ganz schnell mal die KI allein.»

Diesen Satz – oder Varianten davon – habe ich in den letzten anderthalb Jahren gefühlt hundertmal gehört. Und ja, natürlich habe ich es ausprobiert. Aber glauben Sie mir: So einfach funktioniert das nicht.

Das Ganze begann im Juni 2024. Damals fragte mich Erik, Lektor bei Rowohlt (der an dieser Stelle vielleicht seinen Namen wieder streicht, wenn er den Text lektoriert), ob ich mir vorstellen könnte, ein Buch zu schreiben. Er hatte einen meiner Filme gesehen und glaubte, ich könnte etwas Sinnvolles zum Thema KI schreiben in einer Zeit, in der die meisten Menschen schon bei der Nennung der beiden Buchstaben K und I gefühlt die Mistgabel rausholten und Amok liefen.

Wir trafen uns ein paarmal, diskutierten Themen, sprachen über Haltung, Tonfall, persönliche Einblicke – und irgendwann schickte er mir eine Aufgabe: Schreib mal zwei Probekapitel. «Easy …», dachte ich, «das macht die KI.» Doch die Realität sah anders aus: Die Systeme verschlucken sich, halluzinieren, setzen seltsame Gewichtungen, verändern Inhalte und scheitern gnadenlos, wenn sie einen Text schreiben sollen, der über 5000 Zeichen hinausgehen soll.

Wie ist dieses Buch also tatsächlich entstanden? Etwa 80 Prozent der Texte habe ich zuerst in mein iPhone diktiert – auf langen Spaziergängen im Alstertal oder über die Hügel von Somerset, als es wirklich ernst wurde mit diesem Buch. Mal acht Seiten, mal zwölf Seiten. Wochenlang. Am Ende lag eine wilde «Essay-Sammlung» vor mir – mit Dopplungen, «Ähs» und endlosen Nebensatz-Monstern. An dieser Stelle noch ein Hinweis zum Gendern in diesem Buch: Sprache verändert sich – meine auch. Vieles hier ist unterwegs in ein Mikrofon eingesprochen worden, so wie ich eben rede: nicht immer perfekt, nicht immer geplant. Beim Gendern geht es mir nicht um Regeln oder Prinzipienkämpfe, sondern um Höflichkeit gegenüber Menschen und einer Generation, die sich darin wiederfindet. Ich gebe mir Mühe. Manchmal.

Die Aufnahmen ließ ich von Notebook LM transkribieren – zumindest so lange, bis ich zufällig bemerkte, dass Apple bereits still und heimlich eine Transkriptionsfunktion in seine Sprachmemos-App eingebaut hatte. Das erleichterte mir die Arbeit am Text immens. Denn es ist einfach etwas anderes, ob ich vor einer leeren Seite am Laptop sitze oder meine Gedanken «durchschreiten» kann – mich auf eine Wanderung durch meinen Kopf begebe.

Dann beginnt die erste Handarbeit: «Ähs» streichen, Bandwürmer entwirren, Gespräche mit Hunden oder anderen Spaziergängern aus den Mitschriften entfernen. Die schwierigste Phase war dann, diese Masse an wirren Gedanken irgendwie in eine sinnvolle Kapitelstruktur zu bringen. An diesem Punkt holte ich mir Unterstützung – nicht von einer KI, sondern von einem echten Menschen: meinem Freund und Geschäftspartner Birger. Gemeinsam luden wir die Texte in Obsidian – ein digitales Organisations- und Strukturwerkzeug, im Prinzip wie eine große Pinnwand voller farbiger Post-its.

Wir verschoben, strichen, entdeckten Lücken. Erst als die grobe Form stand, ließen wir KI-Tools ran.

Wir fragten ChatGPT 4.1 nach Struktur- und Logikfehlern, fanden welche – und korrigierten sie dann per Hand. Dann prüfte Claude die Konsistenz der Texte und deckte auf, dass ich dazu neigte, ständig zwischen verschiedenen Zeitformen zu springen. Auch Glättungsvorschläge nahmen wir an – aber der Mensch hatte immer das letzte Wort.

Danach lasen und redigierten wir das gesamte Buch im Google-Dokument Kapitel für Kapitel – immer wieder. Bis ich es nicht mehr sehen konnte. Das meine ich ganz wörtlich: Eines Nachmittags in meinem Schreib-Exil in Somerset saß ich fluchend vor dem Text, weil mir ALLES SO SCHWERFIEL! – bis ich bemerkte, dass ich seit zwei Stunden mit Sonnenbrille auf der Nase versuchte, am Monitor zu lesen und Texte zu bearbeiten.

Warum erzähle ich das alles? Weil ich verdammt stolz bin auf dieses Buch. Es ist durch Menschen entstanden. Durch Fragen nach Hilfe – wie bei dem Cover. Klar, ich hätte selbst ein Bild mit Maschinenhilfe erstellen können – aber ich wollte echte, handgemachte Kunst. Was ist schon KI gegen ein wildes, kantiges, unbequemes Bild von Jonathan Meese? Dafür bin ich sehr dankbar – auch für das Vertrauen des Rowohlt Verlags. Und vor allem bin ich dankbar für Birger. Ohne dich würde ich keine Podcasts machen, keine KI-Filme produzieren und hier nicht sitzen und dieses Buch schreiben. Danke für dein unendliches Vertrauen, mein lieber Freund.

PS: Ja, danke auch an Grok 4 oder ChatGPT 5 für die Quellen- und Zitat-Arbeit am Ende. Ihr geht erstaunlich gründlich mit dem Thema um – auch wenn wir eure Ergebnisse alle noch mal kontrollieren mussten. Habt ihr toll gemacht.

Einleitung
Die Angst und der Veteran

Viele Menschen haben Angst vor KI. Sie fürchten sich vor Kontrollverlust, Jobverlust, Entfremdung – oder gleich vor der Weltherrschaft der Maschinen. Diese Angst ist verständlich. Aber sie ist keine Option.

Denn KI ist da. Und sie wird nicht wieder verschwinden. Sie ist gekommen, um zu bleiben – wie das Internet, der Strom oder das Auto. Wer sich bis zur Bewegungslosigkeit fürchtet, überlässt anderen die Gestaltung der Zukunft. Dieses Buch ist deshalb ein Plädoyer für eine neue Haltung: neugierig statt ängstlich, gestaltend statt abwartend.

Ich habe mich schon vor über zwanzig Jahren mit KI beschäftigt – lange bevor sie ein Massenphänomen wurde. Damals habe ich mit einem befreundeten Entwickler versucht, ein eigenes Sprachmodell zu bauen. Eine Art Mini-LLM. Die Idee war gut, das Ergebnis ... na ja. Uns fehlte schlicht die Rechenpower. Und die Daten. Wir waren zu früh.

Heute ist diese Rechenpower da. Und die Daten auch. Jetzt explodiert die Technologie. Und plötzlich bin ich so etwas wie ein Veteran, der mit offenem Mund auf das blickt, was früher nur Wunschdenken war: generative KI, die Texte schreibt, Bilder malt, Musik komponiert, Videos erstellt – alles auf Knopfdruck. Und: für alle zugänglich.

Mein Zugang zu KI war nie akademisch. Ich bin kein Wissenschaftler. Ich bin ein Tüftler. Ein Erzähler. Einer, der ausprobiert, Fehler macht, noch mal probiert – und dann anderen davon erzählt. Ich nenne es: *digitale Feldforschung*.

Natürlich werde ich auch über die Angst sprechen, dass KI uns alle auslöschen wird. Bis dahin bleiben wir zuversichtlich.

Mein Aha-Moment zum Thema «moderner» KI schlich sich ganz unerwartet in mein Leben – auf einer Wanderung in Portugal im Sommer 2022.

Ein guter Freund von mir verbringt – wann immer er kann – seine Zeit in Portugal, zusammen mit seiner Familie, nahe am Atlantik. Ein wunderschönes Leben zwischen Strand, Sonne und den malerischen Hügeln von Sintra. Dazu viel Fisch, viel Surfen und unerhört gutes Wetter. Birger ist ein «digitaler Nomade» – er kann leben und arbeiten, wo er will. Ausgerüstet mit Laptop, iPhone und Kopfhörern, ist er vollständig einsatzfähig. Sein Arbeitsplatz ist da, wo er jederzeit eine stabile, schnelle Internetverbindung herstellen kann. Warum also nicht zwischendurch Sonne in Portugal statt Regen in Deutschland? Portugal hat, im Gegensatz zu Deutschland, zudem schon vor Jahren sein Land mit einem modernen Glasfasernetz überzogen. Das Internet ist rasend schnell. Und die meisten Portugiesen sprechen ohne Scheu sehr gut Englisch. Wer kein Portugiesisch kann, ist trotzdem herzlich willkommen.

Birger ist Unternehmer und Internet-Pionier Hamburger Schule. Er hat, wie ich, die Klaviatur der Medienunternehmen und Agenturen über viele Jahre gespielt. Wir reiten seit Jahrzehnten quasi jede technische Welle mit, die sich auf dem Ozean der Digitalität aufbaut. Verheiratet ist Birger mit einer Amerikanerin, die beiden haben zwei Kinder. Familiensprache ist Englisch – und deutsches Kauderwelsch. Niedlich.

Ich besuche ihn gerne dort. Und genau hier, auf einer Wanderung durch die beeindruckende Hügellandschaft von Sintra – gemeinsam mit Birger, seiner neunjährigen Tochter Harper und Hündchen Polly –, begegnete ich dem Thema KI von Neuem, genauer genommen der «generativen KI».

Die Rucksäcke voller Proviant, stampften wir fröhlich plaudernd durch die Gegend. Umwerfend schöne Natur, im Hintergrund die zerklüfteten steinigen Ufer der rauen Atlantikküste, das Meer, die Wellen, der blaue Himmel. Ein herrlicher Tag.

«Draw a Portuguese coastline, with a calm ocean, a sunset in the background. In front people standing on a green hill, two men with backpacks, and a little dog.»

Das war die neunjährige Harper, die quasi zusammenhanglos eine Beschreibung formulierte über das, was sie wahrnahm.

«And some deer, resting in the sun. With a Bambi. Photorealistic.»

«Was machst du da, Harper? Worüber redest du?», fragte ich sie verblüfft.

«Ich merke mir die Sachen für Midjourney. Für heute Abend.»

Die Antwort klang, als wäre das eine alltägliche Selbstverständlichkeit. So als wenn Kinder dich über aktuelle News bei Pokémon informieren.

Birger grinste vor Freude: «Midjourney, Loffi, hast du vielleicht schon von gehört. Harper sammelt seit Kurzem den ganzen Tag Prompts, während sie durch die Welt läuft. Wie eine Art visuelles Tagebuch. Welcher Stil, Foto, gemalt, realistisch, unrealistisch. Buntstifte und Papier interessieren sie nicht mehr.»

«Deine Tochter sammelt den ganzen Tag Prompts?», hakte ich fassungslos nach.

«Ja.»

«Und jetzt rennt sie durch die Welt und beschreibt alles für die KI?»

«Genau. In der Regel baut sie in ihre Welten Einhörner ein.

Aber ansonsten nutzt sie das Ganze, als wäre es schon immer da gewesen. Je besser du beschreibst, desto besser die Ergebnisse.»

Mein Aha-Moment, präsentiert von einer Neunjährigen, enthielt zwei Einsichten:

Erstens: Mir wurde schlagartig die Tragweite von Midjourney klar. Hier ist zum ersten Mal eine KI, mit der wir direkt kommunizieren. Sie steckt nicht irgendwo tief verborgen in einem System, sondern sie kommuniziert direkt mit uns. Und wir müssen für sie eine eigene Sprache entwickeln, damit die Ergebnisse exzellent werden. Und wenn das mit Bildern geht (also Daten), wird das bald auch mit allem anderen gehen – Videos, Musik, Texte, Denken. Und wenn das geht, dann verändert es alles. Dann verändert sich unsere Welt.

Zweitens: Jeder wird auf diese Weise zu einem Zauberer, jede kann in Kürze alles. Und meine Generation wird die letzte sein, die sich darüber wundert. Die nächste ist eine Generation von selbstverständlichen Zauberern.

Mir fiel es wie Schuppen von den Augen: KI ist nicht Zukunft. KI ist Gegenwart. Sie ist da. Und sie wird nicht nur die Interaktion mit Computer und Smartphone verändern – sondern uns. Unsere Sprache, unsere Arbeit, unsere Vorstellung davon, wer wir sind.

Dieses Buch handelt nicht von Portugal, von Birger oder von Kauderwelsch. Dieses Buch handelt von KI. Weil wir über KI dringend sprechen müssen. Aber anders als sonst. Anders als bei Lanz und Precht, *Spiegel*, *Bild* und *Zeit*, ARD und ZDF oder bei «Baywatch Berlin».

KI «passiert» uns gerade. Uns allen. In jedem Lebensbereich. KI wird gerade Teil unserer Lebenswirklichkeit, so wie das Internet damals, als Papa das quäkende Modem anschloss. So wie auch Elektrizität, das Auto oder das Telefon elementare Grundlagen unseres Zusammenlebens geworden sind. Und das zu einem Zeitpunkt, an dem es auf der Welt politisch, kulturell und gesellschaftlich an allen Ecken und Enden knirscht. Auf viele wirkt die Welt heute unsicherer denn je. Und dann noch KI. Das überfordert viele – auch wenn sie tagtäglich längst begeistert ihre Tasks bei ChatGPT oder Copilot eintippen.

KI ist abstrakt. Nicht greifbar. Wie radioaktive Strahlung. Für viele ist KI das i-Tüpfelchen des Teufels. Teufelswerk aus Amerika. Aber ist das gerechtfertigt?

Sie können sich denken, wie mein Abend in Portugal aussah. Da saß ein Mann Ende vierzig, der Midjourney zwar kannte, aber noch nie durch die Augen eines Kindes gesehen hatte, vor dem Familiencomputer und ließ sich von Harper zeigen, wie natürlich sie mit diesem neuen Werkzeug umging. Und er erlebte hautnah, wie selbstverständlich diese Technologie für die nächste Generation sein wird.

Seit diesem Abend ist mein Leben ein anderes. Und die Geschichte, wie aus einem Flugzeugmechaniker ein KI-Experte wurde, die erzähle ich in diesem Buch. Garantiert ohne Seemannsgarn, aber mit gesundem Menschenverstand, sehr viel digitaler Erfahrung und der Fähigkeit, über den Tellerrand zu blicken.

WIR WERDEN ALLE ZU ZAUBERERN

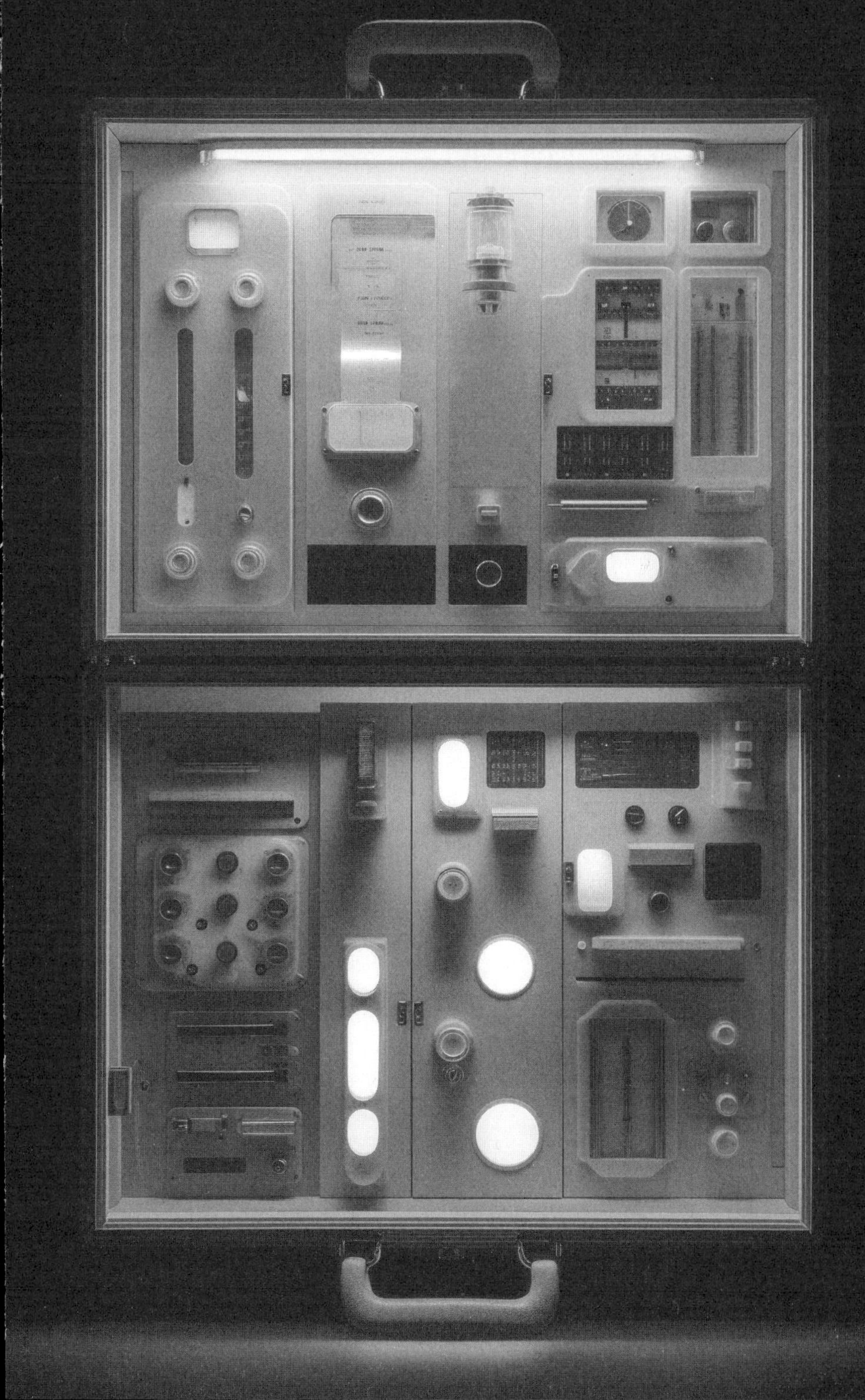

1
Flugzeuge und digitale Zuckerwatte

Ich weiß bis heute nicht, wie ich am besten anfangen soll, meine eigene Geschichte zu erzählen. Ich will ja niemanden langweilen. Wenn mich jemand fragt: «Was hast du eigentlich vorher gemacht?», dann zögere ich. Denn wenn ich alles aufzähle, klingt es schnell nach Käpt'n Blaubär oder Münchhausen – einfach zu viel, zu unterschiedlich, zu unwahrscheinlich. Meistens frage ich also zurück: «Wie viel Zeit hast du?»

Meine Schulzeit im Hamburger Norden endete ziemlich glanzlos mit der zehnten Klasse – und damit etwas verfrüht in den Augen meiner Eltern. Kein Abi, «nur» mittlere Reife. «Ich bin nicht böse, sondern nur enttäuscht», hauchte mich mein Vater diabolisch grinsend an. Anschließend begann ich eine Ausbildung zum Fluggerätmechaniker bei der Deutschen Lufthansa. Den Job zu bekommen, war nicht ganz so einfach gewesen – es gab ein großes Auswahlverfahren, bei dem ich unter anderem erklären musste, wie ein Ottomotor funktioniert. Das konnte ich, also bekam ich den Platz.

Es folgte eine dreieinhalbjährige Lehre, in der ich lernte, Flugzeuge zu warten, zu reparieren und Triebwerksteile zu überholen – für damalige Verhältnisse wahrscheinlich die Speerspitze der mechanischen Technologie, aber eben auch keine Raketenwissenschaft. Für mich hat es gepasst. Ich hatte schon als Jugendlicher Freude daran, an Fahrrädern und Mopeds herumzuschrauben. Mein erster Job als Schüler war daher folgerichtig auch in einem Zweiradladen gewesen.

1993, nach dem Abschluss der Lehre, folgte dann direkt die kalte Dusche: Unser gesamter Jahrgang wurde von der Lufthansa nicht übernommen. Das hatte es in der traditionsreichen Konzerngeschichte noch nie gegeben. Die Luftfahrtkrise hatte erbarmungslos zugeschlagen. Mir direkt in die jugendliche Visage. Das Angebot zur Güte: ein Job als Lagerist oder Gabelstaplerfahrer. Ohne mich, dachte ich und bewarb mich spontan als Flugbegleiter. Und wurde glatt genommen.

Zweieinhalb Jahre flog ich dann kreuz und quer durch die Weltgeschichte – erst Kurzstrecke, dann Langstrecke. An dieser Stelle möchte ich die Gelegenheit nutzen und alle Vorurteile bestätigen. Sie wissen schon: viel Spaß, wenig Schlaf, lange Nächte.

In meiner Freizeit begann ich, mich mit einem neuen technischen Phänomen zu beschäftigen: dem damals noch blutjungen Internet. Mein alter Schulfreund Till arbeitete bei einer Produktionsfirma namens Me, Myself and Eye, die TV-Formate für MTV und VH1 entwickelte. Dort gab es ein sogenanntes «Medienlabor», in dem eine der ersten Musik-Websites entwickelt wurde: VH-Wonderland. Ich setzte mich oft dazu, wenn ich mal wieder in Hamburg gelandet war – eigentlich nur aus Neugier. Aber aus Neugier wurde Interesse. Aus Interesse: Ehrgeiz.

Bald begann ich, selbst an kleinen Projekten mitzuarbeiten, und lernte die Grundlagen des Webdesigns. Es war aufregend, Teil dieser digitalen Revolution zu sein und zu sehen, wie unsere Ideen auf Knopfdruck eine weltweite Bühne fanden.

Relativ schnell landete ich bei einer der ersten Internetagenturen Hamburgs, surver: Internetwork. Ich hing den Job in der Kabine an den Nagel und stieg als Quereinsteiger ins digitale Abenteuer ein. Viel Geld gab es nicht – aber dafür viel Euphorie.

Das war 1995. Wir versuchten damals ernsthaft, der *Hamburger Morgenpost* für 10 000 D-Mark eine Website zu verkaufen. Die Antwort: «Website? Wozu? Wir haben doch eine Zeitung.» Heute ein Running Gag. Damals: Alltag.

Aber dann kam der «Neue Markt» – und mit ihm das Geld. Und mit dem Geld der Rausch. Die Werbewelt entdeckte das Netz, neue Agenturen sprossen wie Pilze aus dem Boden, und wer wie ich seit 1995 Webseiten gebaut hatte, war plötzlich «Senior». Ich wechselte ein paarmal die Agentur und wurde schließlich «Creative Director», unter anderem bei Kabel New Media.

(Für alle, die bei dieser goldenen Zeit nicht dabei waren, und jene, die zwar dabei waren, die Details aufgrund der damaligen wöchentlichen Branchentreffen mit massivem Freigetränkeangebot nur noch durch einen nebligen Schleier erinnern: Kabel New Media, 1993 gegründet von Peter Kabel, war zwischenzeitlich die größte Internetagentur der Welt. 1999 ging das Unternehmen an die Börse, um dann 2001 in eine Insolvenz zu schlittern.)

Damals ging irgendwie alles. Ohne Ausbildung und ohne Anleitung machte eine Horde Menschen etwas «mit Medien» und «mit dem Internet» – Hierarchien waren nach oben und unten durchlässig. Jeder konnte alles sein. Gute Laune war Programm, alles schien möglich. Und wie Ikarus flog ich noch ein kleines bisschen höher, als die Vernunft es zuließ, und machte mich – mit rasant steigendem Aktiendepot im Rücken – selbstständig. Ich gründete eine Vermittlungsfirma für Programmierer. Die Idee: Programmierer-Teams an Internetagenturen vermieten, für die Dauer eines Projekts. Das lief einigermaßen gut – bis der Neue Markt crashte, mein Aktiendepot verpuffte und etliche Freunde und Bekannte sich plötzlich auf dem Arbeitsamt wiedertrafen.

Zwei meiner wichtigsten Kunden – darunter ironischerweise mein alter Arbeitgeber Kabel New Media – gingen pleite. Meine Firma schleppte ich noch zwei Jahre durch, dann kam das bittere Ende: Insolvenz. Ich war persönlich haftend – und mit 30 Jahren stand ich mit 380 000 Euro Schulden da.

Zum Glück gab es damals «Überbrückungsgeld»: ein Jahr lang bekam man weiter mehr oder minder sein altes Gehalt als Geschäftsführer vom Arbeitsamt, wenn man bereit war, sich als Selbstständiger durchzuschlagen. So überlebte ich mit kleinen Designaufträgen und Beratung – bis sich ein anderer Schulfreund bei mir meldete: Carsten. Carsten ist Programmierer und eine Art Superhirn, und er hatte eine Idee, wie man E-Mails strukturiert analysieren könnte.

Die Idee war zu jener Zeit, 2004, revolutionär: E-Mails intelligent und automatisch auslesen, verstehen und bearbeiten. Das war – ohne dass es mir bewusst war – meine erste Begegnung mit einem Large Language Model, einem LLM. Von diesen LLMs ist in Bezug auf KI heute ständig die Rede, KI basiert auf LLMs. Damals war der heutige Hype noch zwei endlose Dekaden entfernt.

Die Idee war nicht nur revolutionär, sie war – in unseren Augen – auch eine Lizenz zum Gelddrucken. Viele Unternehmen waren damals von der schieren Anzahl täglich empfangener E-Mails brutal überlastet und suchten händeringend nach Lösungen, diese nicht enden wollende Flut sinnvoll zu organisieren. Konsequenterweise gründeten wir ein Unternehmen für semantische E-Mail-Analyse mit KI. Unsere Trainingsdaten waren ein riesiger Schatz, den wir aber leider nicht richtig heben konnten, da uns schlicht und einfach zu wenig Rechenpower zur Verfügung stand. Alles musste daher halb automatisch trainiert werden.

Unser Ziel war unspektakulär: E-Mails automatisch zu klassifizieren. Doch wir wollten noch ein bisschen mehr. Nicht nur: «Das ist eine Kundenmail», sondern: «Das ist eine Kundenmail mit einer Anfrage nach einem Katalog» – inklusive Wahrscheinlichkeit, dass das auch stimmte. Für den Kundenservice eines Einzelhändlers war das damals eine Revolution.

Der Weg dorthin war jedoch steinig. Jede Mail war ein Datenchaos. Wir mussten HTML-Teile, Disclaimer und irrelevante Adressblöcke aus dem Weg räumen. Also entwickelten wir eine Vorverarbeitung, die aus heutiger Sicht wahnsinnig aufwendig war: sogenannte Regex-Regeln. Das waren Plausibilitätschecks gegen eigene Datenbanken, die Postleitzahlen validieren, Namen erkennen und Adressen herausfiltern konnten. Diese Pipeline war der halbe Erfolg.

Danach folgte das «Lernen». Kein neuronales Netz wie heute, sondern ein System, das anhand von Beispielen Muster erkannte. Wir gaben ihm Kategorien, es sortierte Texte in Haufen, wir korrigierten, es lernte weiter. Dieser Kreislauf – menschliches Feedback, maschinelles Training – ist heute das Herzstück jedes LLM. Nur dass wir damals im Gegensatz zu heutigen Systemen alles händisch machten. Wir waren Prompt Engineers, ohne es zu wissen.

Ganz ohne Hilfe von außen ging das natürlich nicht. Wir arbeiteten zum Beispiel mit dem Fachbereich Linguistik der Universität Potsdam zusammen. Oder mit dem Deutschen Forschungszentrum für Künstliche Intelligenz in Saarbrücken. Irgendwer lieferte uns annotierte Zeitungstexte, die von Studenten markiert und kategorisiert worden waren – urheberrechtlich problematisch, weil wir die Rechte an den Artikeln nicht besaßen. Damals wie heute sind die Lernmengen eine große Herausforderung. Absurd: Die Daten waren da, aber wir durften sie eigentlich nicht nutzen.

Die Universität Potsdam half uns, linguistische Standards einzuhalten. Unsere Firma, die eigentlich nur aus drei Menschen bestand – Carsten, mir und dem Geschäftsführer –, organisierte sogar einen Industrie-Stammtisch für Linguistik – für die Wissenschaftler damals exotisch: «Ein Tech-Start-up spricht mit uns über unsere Arbeit!»

Finanziert wurde das Ganze unter anderem über die europäische Innovationsförderung. Dieselben Programme, die damals auch irrwitzige Projekte wie Cargolifter mit Geld überschütteten, investierten auch in unsere Idee. Europa wollte KI fördern, schon lange bevor es «cool» wurde. Aber die Rahmenbedingungen reichten nicht. Wir hatten keine Rechenpower, keine Cloud, keinen Zugriff auf GPUs – ein Dual-Core-Rechner für 10 000 Euro war unser Supercomputer. Zum Vergleich: Die Rechenleistung eines iPhone 15 Pro ist ungefähr 80-mal schneller.

Das Prinzip aber war dasselbe, das heute hinter GPT & Co. steckt: Sprache zerlegen, normalisieren, Muster erkennen, Wahrscheinlichkeiten berechnen. Wir nutzten damals auch Lemmatizer, Part-of-Speech-Tagger, eigene Lexika und kontextbasierte Disambiguierung – also genau die Mechanismen, mit denen LLMs heute arbeiten, nur millionenfach kleiner. Unsere «Wissensbasis» war ein noch ziemlich lückenhaftes Internetlexikon, welches gerade anfing, befüllt zu werden – die Wikipedia von 2004; die heutigen Modelle umfassen dagegen mindestens das gesamte Internet und die schon vor langer Zeit gescannten Bibliotheken dieser Welt – mit all ihren Büchern, Zeitungen, Zeitschriften und Steintafeln.

Warum hat sich unser System nicht durchgesetzt? Weil wir an die Decke stießen. Unsere Algorithmen waren gut, aber sie brauchten zusätzlich menschliche Experten, um zu lernen. Die Modelle von heute lernen selbstständig aus unvorstellbaren Datenmengen und Parametern. Sie haben Milliarden Vektoren im Speicher; wir hatten ein paar Tausend. Sie rechnen mit GPU-Clustern, die Milliarden Dollar kosten; wir optimierten unseren Code bis zum Morsecode, um Speicher zu sparen. (Zur Veranschaulichung: OpenAI plant gerade Investitionen in der Größenordnung von mehreren Hundert Milliarden US-Dollar in KI-Infrastruktur, wovon ein sehr großer Teil in Rechenzentren fließen dürfte.)[1]

Wir steckten damals – ohne dass wir es bewusst realisierten – in einem saukalten KI-Winter. Was heute mit ChatGPT in Sekunden passiert, dauerte damals Wochen. Wir hatten die richtige Idee – nur zwanzig Jahre zu früh.

Dennoch, unsere Firma hatte riesiges Potenzial, und das wurde auch erkannt. Unser erster Kunde hieß – kaum zu glauben – KarstadtQuelle. Toll, toll, toll – aber: Die größte Kaufhauskette Deutschlands ging wenige Monate nach Projektstart pleite. Ohne Liquidität ist alles nichts, auch kein fantastisches LLM.

Heute, zwanzig Jahre später, schaue ich auf diese Zeit zurück und muss schmunzeln. Wir hatten schon damals verstanden, was KI werden könnte. Wir ahnten nur nicht, dass es noch so lange dauern würde, bis die Welt bereit dafür war.

Viel Zeit zum Klagen blieb mir jedoch nicht, die Dinge sollten sich auch weiter überschlagen. Wir schrieben inzwischen das Jahr 2005 – und ich erhielt einen Anruf aus München. Mein Freund Thommi arbeitete dort für den Mobilfunkanbieter o2 und fragte mich, ob ich nicht Lust hätte, als Berater für die Fußball-Weltmeisterschaft 2006 zu arbeiten. Das Unternehmen war einer der «Official Mobile Partner» der FIFA.

Ich hatte zwar keine Ahnung von Fußball, aber ich verstand die Sprache von Technikern und Marketingleuten. So wurde ich – aus heiterem Himmel – Gesamtprojektleiter für ein Sponsoringprojekt von o2 mit einem Gesamtbudget in Höhe von 42 Millionen Euro. Und so saß ich plötzlich mit Beratern von Boston Consulting oder KPMG am Tisch – und hatte gefühlt gerade noch an Triebwerken geschraubt. Ich konnte manchmal selbst kaum fassen, wie sich mein Leben drehte.

Damals sagte ich oft: Ich bin «Industrieschauspieler». Ob Medienlabor, Agenturloft oder Vorstandsetage und Konferenztisch – es ist immer eine Bühne. Technisches Wissen kann man genauso wie Marketingsprache lernen.

Die WM 2006 war ein riesiger Erfolg, mein Projekt war es anscheinend auch. Jedenfalls arbeitete ich weiter für den Mobilfunkanbieter, der damals in den Ausbau von DSL und Glasfaser-Internet investierte. Das Projekt war spannend und gut bezahlt – aber wenig kreativ. Ich fing an, mich zu langweilen, und fand eine neue Leidenschaft: Poker. Da schwappte ein riesiger Trend aus den USA zu uns rüber. Und kaum hatte ich das erkannt, gründete ich mit zwei Freunden eine kleine Agentur, die Pokerturniere für Unternehmen organisierte. Das war goldrichtiges Momentum, Poker boomte, Werbebudgets winkten überall, und daher interessierte sich auch das Fernsehen dafür. Es kam, wie es kommen musste: Es folgten Gespräche, Ideen, Anrufe – und plötzlich entwickelte ich Fernsehformate. Zum Beispiel den *Pokerbus* auf DMAX. Auch durfte ich einen kleinen Teil zum Konzept von *TV total – Die Pokernacht* beitragen.

2008 pitchten wir bei dem Online-Wettanbieter BWIN in Wien eine Idee namens *Poker Island* – eine Art Realityshow über das Leben eines «Pokermillionärs» auf Ibiza. Warum auch nicht. Das dachten sich auch die Verantwortlichen von BWIN und gaben uns den Zuschlag. Zwei Jahre lang produzierten wir auf Ibiza eine Fernsehsendung, die auf Sat.1, DMAX und weltweit über 70 Sendern von Brasilien bis Australien ausgestrahlt wurde inklusive Livestreams – lange vor YouTube und Twitch. Es war die perfekte Kombination aus Poker, Storytelling und Fernsehformat.

Als der Pokerboom abebbte, kehrte ich nach Hamburg zurück, und o2 klopfte wieder an, ich öffnete die Tür, und man bot mir die «Leitung der Markenaktivierung» der o2 World (für die Älteren Color Line Arena, für die Jüngeren Barclays Arena) an. Das klingt nach einer hochtrabenden Position – bedeutet aber im Grunde, dass man dafür verantwortlich ist, dass alle eingekauften Rechte der Markenplatzierung in und an der Arena gemeinsam mit dem Besitzer der Arena auch genauso umgesetzt werden. Das beinhaltet sowohl den Umbau von Logen, Bars, Lounge-Areas und LED-Wänden wie auch, dass man sich darum kümmern muss, dass die Marke o2 bei Konzerten oder Sportveranstaltungen nicht nur auf Schildern zu sehen ist, sondern den Besuchern auch in Form von Gewinnspielen, Logenplatzverlosungen, Freikarten und vielen anderen Aktionen nähergebracht wird. Ich wohnte nur zehn Minuten von der Arena entfernt, das passte perfekt. Und wenn ich Hunger hatte, ging ich zu DJ Bobo – nicht wegen der Musik, sondern wegen der Currywurst im Backstagebereich.

Rückblickend klingt das alles wie ausgedacht. Ich weiß. Und Sie wollen nicht wissen, was ich hier alles weggelassen habe.

Später folgten weitere Firmengründungen – unter anderem eine 3D-Druck-Lizenzplattform. Funktionierte mäßig. Dann, 2015, kam mein Freund Carsten wieder um die Ecke: Cloudsysteme wären das nächste große Ding. Also gründeten wir eine Firma für die Verarbeitung von Fahrzeugdaten in der Automobilindustrie. Unsere Kunden: VW, BMW, Mercedes, Porsche. Was heutzutage selbstverständlich im Hintergrund passiert, war damals Pionierarbeit: Die Daten der Fahrzeuge, wie Position und Geschwindigkeit bis hin zu den Bewegungen der Stoßdämpfer, können nicht nur ausgelesen und verwaltet, sondern auch für Anwendungen genutzt werden. Eine Anwendung, für die wir damals die Cloud-Infrastruktur entworfen, aufgebaut und betrieben haben, war ein Pilot-Service, der dem Auto mitteilen konnte, wann Ampeln auf dem Fahrweg grün oder rot werden, um dann die passende Geschwindigkeit für eine grüne Welle vorschlagen zu können. Nach dreieinhalb Jahren Routine, gescheiterten Verkaufsgesprächen und endlosen Einkaufsprozessen war mir klar: Ich will raus. Ich bot meine Anteile meinen Partnern an, sie kauften – fair und freundlich.

Aber was jetzt? Ich war ausgelaugt und wusste nur, was ich nicht mehr wollte. Das war 2018. Da kam mein Freund Birger, ja genau der Birger, mit dem ich Jahre später durch Portugal spazieren würde, und meinte: «Mach einen Podcast. In einem Wohnmobil. Du magst Menschen. Du redest gern und hast selbst tausend Geschichten zu erzählen. Podcasts boomen wie wahnsinnig in den USA, das kommt hier rüber.» Und so begann das nächste Kapitel.

Wir gründeten zusammen Ponywurst Productions und produzierten ziemlich erfolgreich Podcasts wie «Das Ziel ist im Weg», «Außer Tresen nichts gewesen», «Ich hab dich trotzdem lieb» und – bis heute unser größter Erfolg – «Richard, wo erreiche ich dich?», zusammen mit Ingmar Stadelmann. Dort nehmen wir den Podcast von «Lanz und Precht» kritisch-satirisch – aber liebevoll – auseinander.

Und dann tauchten um 2022 die ersten KI-Tools auf – und ich entdeckte vollkommen neue Möglichkeiten. Nicht nur technisch, sondern auch für mich persönlich. Ich verstand das ungeheure Potenzial von KI sofort und fand eine neue Leidenschaft. Geschichten erzählen durch Bilder und Videos – mithilfe künstlicher Intelligenz.

Plötzlich konnte ich Dinge erschaffen, von denen ich nicht zu träumen gewagt hätte. Videos für ARD und ZDF, Werbefilme für große Marken, virale Clips, die Millionen Menschen erreichten. Alles mit KI-Tools, die vor wenigen Jahren noch undenkbar gewesen wären. Der Kreis hatte sich geschlossen: Vom Creative Director bei Kabel New Media über die erste KI 2004 mit Carsten bis zu den Tools von heute, die mein Leben komplett verändert haben.

Und das ist, was ich wirklich liebe: kreativ zu sein. Geschichten zu finden. Geschichten zu erzählen.

Seit dem Abend in Portugal ist mein Leben ein anderes. Da saß ich nun, irgendwie Internet- und KI-Veteran, lernte Midjourney kennen und sah durch die Augen eines Kindes, wie natürlich es mit künstlicher Intelligenz umging. Ich erlebte hautnah, wie selbstverständlich diese Technologie für die nächste Generation wird – und dass die Kunst des Beschreibens die neue Königsdisziplin sein wird.

Was Harper mir an diesem Abend zeigte, war nicht nur ein

Tool. Es war ein Paradigmenwechsel. Zum ersten Mal sprachen wir direkt mit einer Maschine – und die Maschine verstand. Nicht durch Befehle, nicht durch Programmierung, sondern durch Sprache. Durch Beschreibung. Durch das, was wir Menschen am besten können: Geschichten erzählen.

Seitdem gibt es quasi keinen Tag, an dem ich nicht mit KI-Tools experimentiert habe – zu Midjourney sind heute etwa 30 weitere hinzugekommen. Ein neunjähriges Kind hat meine Sicht auf die Zukunft verändert, indem es Dinge sehr genau beschreiben und in Prompts übersetzen konnte – die neue Schlüsselqualifikation unseres Lebens.

All das geschah, bevor ChatGPT das Licht der breiten Öffentlichkeit erblickte. Aber an diesem einen Tag verstand ich, dass KI kurz davor stand, unsere Welt von Grund auf zu verändern. Und das bedeutete für mich: Ich muss ein Teil davon sein, ich will diese Systeme verstehen und beherrschen – mit ihnen spielen.

Vor meinem inneren Auge sah ich einen riesigen Werkzeugkasten – ach was, Zauberkasten! – mit den tollsten Tools, mit denen man die unglaublichsten Sachen machen konnte. Und nichts treibt mich mehr an als «Spielen, Tüfteln, Ausprobieren & Repeat».

Stellen Sie sich mich also ruhig als kauzigen, lauten, verrückten Typen vor, der seit drei Jahren Tag und Nacht an den Systemen sitzt und am laufenden Band Spielereien produziert. Aus dem Spiel werden irgendwann Inhalte.

In den letzten drei Jahren kamen etliche KI-Tools auf den Markt. Die großen KI-Unternehmen überschlugen sich im Wochentakt mit teilweise schwindelerregenden Updates. YouTuber versuchen, die neuesten Funktionen zu erklären und einzuordnen, während die nächste Generation bereits in den Startlöchern steht. Ich schlage mir die Nächte um die Ohren und teste Funktionen, verstehe, verknüpfe.

Es ist wie ein überfüllter Jahrmarkt der unbegrenzten Möglichkeiten – digitale Zuckerwatte for free, 24/7. Netflix und

DIE KUNST
DES BESCHREIBENS
WIRD DIE NEUE
KÖNIGSDISZIPLIN

Disney+ sind längst abbestellt, meine KI-Abenteuer am Computer sind eine um Längen bessere Abendunterhaltung als die Produktionen der großen Streamer.

Primetime

Ende 2023 kam es in Deutschland zum gesellschaftlichen Aufschrei, als eine Gruppe unanständiger Menschen sich in einem Schloss bei Berlin versammelte, um einen Plan für Deutschland zu diskutieren, der so widerwärtig ist, dass es mir hier beim Schreiben noch kalt den Rücken runterläuft. Nichts weniger wurde diskutiert als die millionenfache Ausbürgerung integrierter Mitmenschen aus anderen Herkunftsländern. «Remigration» nannten sie das – ein Begriff, der bei rechtsextremen Menschen wohl feuchte Träume auslöst. Bei mir blankes Entsetzen.

Ich hatte das Gefühl, etwas tun zu müssen, tun zu wollen – also rief ich meine Freunde Christian und Behzad an. Christian ist Kameramann und Filmemacher, Behzad ein bekannter Autor. Unser Ziel: aufrütteln. Die Tools: Storytelling, bildgebende KI – und jede Menge Unterstützer. Innerhalb weniger Wochen entwickelten wir den Film «Oma, was war nochmal dieses Deutschland?» – ein Rückblick einer fiktiven Zeitzeugin auf das Deutschland von heute, als die AfD beschloss, millionenfach Mitbürger auszuweisen und unser geliebtes Land in den Boden zu rammen.

Der düstere Film war ein großer Erfolg: insgesamt knapp sieben Millionen Abrufe auf allen Kanälen,[2] drei Morddrohungen und viele überwältigend positive Rückmeldungen von Menschen, denen das Thema nicht egal ist.

Das Besondere aber ist etwas anderes: Wir hatten nur mit einem Computer zu Hause in wenigen Wochen einen Film «gedreht», der bis vor Kurzem mithilfe von CGI noch viele Millio-

Was passiert, wenn die AfD an die Macht kommt?
«Oma, was war nochmal dieses Deutschland?» zeigt es.

nen gekostet und mindestens acht Monate Planung gebraucht hätte. Es war ein Vorgeschmack auf das, was technisch in wenigen Jahren ganz selbstverständlich sein wird: Hollywood ist überall, nur nicht in LA.

«Hier ist Klaas, ich würde gerne mit dir sprechen, wenn du Bock hast.» So in etwa fing die Zusammenarbeit mit Joko und Klaas nur wenige Wochen nach der Veröffentlichung unseres «Oma-Films» an. Die beiden wollten 15 Minuten Primetime im Fernsehen nutzen, um die Zuschauer für die Europawahl zu aktivieren. Mit einem ähnlichen Film wie dem gegen die Remigration.

Schon zwei Tage später saß ich in Berlin mit dem Team zusammen, um das Projekt zu besprechen. Wir hatten drei Wochen bis zum Sendetermin. Drei Wochen von der Idee bis zum 15-Minuten-Film um 20:15 Uhr – das ist selbst bei meiner positiven Grundhaltung ganz schön knapp.

Das Video wurde ein großer Erfolg, das Feedback der Zuschauer war positiv – die Wahlergebnisse waren leider trotzdem weitestgehend enttäuschend.

Aber das war fast nebensächlich. Wichtiger war: Etwas hatte sich verschoben. Der «Oma-Film» war kein Zufallstreffer, sondern der Beginn eines völlig neuen Kapitels. Innerhalb von wenigen Wochen war KI von einem Werkzeug zu einer Produktionslogik geworden, die alles verändert – Tempo, Haltung, Anspruch.

Nach der Ausstrahlung füllten sich meine Mailboxen mit unzähligen Anfragen für Projekte und Vorträge. Seitdem hat sich mein Leben sehr stark verändert. Vom Podcaster, Produzenten und Tüftler bin ich im Sommer 2024 durch eine Metamorphose zum «AI Creative Expert» geworden. Skurril.

Meine Podcasts rückten in den Hintergrund und mussten Platz machen für das, was sich da quasi aufdrängte: Projekte, Workshops und Vorträge. Während ich diese Zeilen schreibe, produziere ich gerade den Eröffnungsfilm für eine NATO-Konferenz in Rom. Daneben darf ich immer wieder auf Bühnen vor vielen Menschen sprechen, die verstehen wollen, «was man da so machen kann mit dieser KI».

Und jedes Mal merke ich: Es geht längst nicht mehr nur um Tools oder Effekte, sondern um Haltung, um Ängste, um das Verstehen. Um die Frage, wie wir mit dieser Technologie umgehen, die alles schneller macht – auch uns. Deshalb habe ich dieses Buch geschrieben.

Wie ich schon zugegeben habe: Ich bin kein Akademiker. Ich bin ein Spielkind und Geschichtenerzähler. Ich kann Ihnen über die Technologie der KI an sich nichts Neues berichten – ich kann Ihnen nur aus der täglichen Praxis berichten und mit dieser Erfahrung erzählen, was ich zu diesem Zeitpunkt «sehen» kann. Das Ganze mit gesundem Menschenverstand, sehr viel digitaler Erfahrung und vielleicht der Fähigkeit, ein kleines Stückchen weiter über den Tellerrand zu blicken.

Und genau diese tägliche, obsessive Beschäftigung mit den

Tools, die ich seit drei Jahren pflege, ist der Grund, warum aus dem Podcaster ein «KI-Experte» geworden ist (ich mag diese Bezeichnung nicht – warum, erkläre ich noch). Nicht durch ein Studium, nicht durch Zertifikate – sondern durch unermüdliches Ausprobieren. Tag für Tag. Nacht für Nacht.

Denn bei der Geschwindigkeit, mit der sich die KI-Welt dreht, reicht es nicht, ab und zu mal reinzuschauen – oder gar nur von außen draufzuschauen und das Ende der Menschheit herbeizuphilosophieren, was sicher bei einigen bekannten Pessimisten der Fall ist. Man muss dabei sein. Man muss mitschwimmen in diesem Strom der Innovation. Wer nur zuschaut, verpasst die Revolution.

Harper hatte recht: Es ist ganz natürlich. KI ist für die nächste Generation einfach ein Werkzeug wie ein Buntstift. Für meine Generation ist es ein Sprung ins kalte Wasser. Aber wer den Sprung wagt und täglich schwimmt, der wird vom Zuschauer zum Zauberer.

Das ist auch meine Geschichte. Das ist der Weg von einem Fluggerätmechaniker zu einem, der heute vor Menschen über die Werkzeuge der Zukunft spricht. Drei Jahre täglich experimentieren. Drei Jahre digitale Feldforschung.

Und das Schönste daran: Diese Revolution hat gerade erst begonnen.

2

KI im Schnelldurchlauf – warum 70 Jahre Anlauf nötig waren

Wenn heute von künstlicher Intelligenz die Rede ist, klingt das oft nach Revolution. Nach Zeitenwende. Nach einer plötzlichen, fast übermenschlichen Präsenz. Als wäre da etwas erwacht, was vorher geschlafen hat. Aber das stimmt nicht. Die KI ist keine Überraschung – sie ist eine alte Sehnsucht.

Die Geschichte beginnt 1956. Sommer. Dartmouth College, New Hampshire, etwa zwei Stunden nördlich von Boston. Wälder, Wiesen, klare Luft, wenig nervige Zivilisation. Eine kleine Gruppe junger Männer, die sich – wahrscheinlich mit Recht – für die klügsten ihres Faches halten, versammelt sich unter Neonlicht, um eine Vision zu formulieren. John McCarthy, Marvin Minsky, Claude Shannon – große Namen heute, krasse Außenseiter damals. Ihr Ziel: Maschinen zu bauen, die denken können. Nicht rechnen, nicht steuern – denken. Sie nennen es: Artificial Intelligence.

Was in Dartmouth 1956 begann, hatte viele Väter – und leider kaum Mütter. John McCarthy, der Wortschöpfer von «Artificial Intelligence», entwickelte später die Programmiersprache Lisp, die jahrzehntelang das Rückgrat der KI-Forschung bleiben sollte. Marvin Minsky gründete am MIT eines der ersten KI-Labore überhaupt – in der festen Überzeugung, dass sich Intelligenz in klare Regeln und Symbole zerlegen lässt. Und Claude Shannon, der Erfinder der Informationstheorie, besorgte den mathematischen Unterbau: Er zeigte, wie sich Wissen in Bits fassen und übertragen lässt. Es war die Geburtsstunde einer Wissenschaft, die zunächst mehr Vision als Technik war – und vielleicht gerade deshalb so elektrisierend wirkte.

Was diese drei sich vorstellten, war nicht weniger als ein mechanischer Verstand. Ein Computer, der Probleme löst, Sprache versteht, Entscheidungen trifft. Menschlich, aber schneller. Objektiver. Logischer. Eine Denkmaschine. Doch es kam anders.

Nur zwei Jahre nach der Dartmouth-Konferenz präsentierte der junge Psychologe Frank Rosenblatt 1958 das «Perzeptron»: ein Modell, das der Idee des Neurons nachempfunden war. Seine Maschine, ein Schrank voller Kabel und Relais, konnte Buchstaben erkennen – ein technisches Wunder für die Zeit.

Ein Schnappschuss vom Dartmouth Summer Research Project on Artificial Intelligence 1956: Minsky in der Mitte, Shannon rechts am Rand, McCarthy hockend zwischen ihnen.

Doch die Euphorie hielt nicht lange: Als Marvin Minsky 1969 in seinem Buch *Perceptrons* die Grenzen des Systems gnadenlos aufzeigte, wurde Rosenblatts Ansatz zum Spottobjekt. Das Perzeptron verschwand in der Schublade – bis seine Grundidee Jahrzehnte später zum Fundament des Deep Learning wurde.

Dass es einmal so kommen sollte, ahnte Ende der 60er-Jahre wohl kaum jemand. Im Gegenteil: Der anfängliche Hype um die künstliche Intelligenz begann abzuebben. Die Rechner von damals waren zu langsam, die Algorithmen zu schlicht, die Daten der Welt noch zu analog und die Ergebnisse damit zu dünn. Überzogene Erwartungen trafen auf bittere Realität. Erst verlor die Öffentlichkeit das Interesse. Dann wurden die Fördergelder gestrichen. Und dann kam 1973 auch noch der sogenannte Lighthill-Report – ein staatlicher britischer Untersuchungsbericht –, der der KI-Forschung sozusagen offiziell den Stecker zog. Der Mathematiker Sir James Lighthill attestierte der Disziplin darin, sie habe «kaum praktische Fortschritte» gemacht. Er nannte die Forschung «eine Sackgasse aus überhöhten Versprechen». In der Folge strich die britische Regierung radikal und erbarmungslos fast alle Fördergelder.

Es war, als hätte jemand das Licht ausgemacht. In Cambridge, Edinburgh und Sussex wurden Forschungsgruppen aufgelöst, ganze Lehrstühle verschwanden. Das traditionsreiche Edinburgh AI Laboratory, das bis dahin als eines der führenden Zentren Europas galt, verlor über Nacht fast seine komplette Finanzierung. Auch das KI-Programm am Imperial College London wurde auf Sparflamme gesetzt. Viele britische Projekte – etwa zur maschinellen Sprachverarbeitung oder zur Robotik – wurden komplett eingestellt.

Der Schock wirkte weit über Großbritannien hinaus. In den USA kürzte DARPA – die Forschungsbehörde des Verteidigungsministeriums, die Hochrisiko-Technologien finanziert und damit oft festlegt, woran überhaupt geforscht wird – die Mittel für das «Speech Understanding Research Program» an der Carnegie

Mellon University, und ähnliche Einschnitte trafen auch Projekte am MIT und in Stanford.

Was folgte, war der erste von zwei langen «KI-Wintern» – Zeiten, in denen niemand mehr an die Vision glaubte. Dieser erste KI-Winter dauerte grob von 1974 bis 1980. Forschende, die eben noch über lernende Maschinen fabuliert hatten, wechselten plötzlich ins Marketing oder zur Signalverarbeitung – irgendetwas mit sicherem Budget. Der Begriff «künstliche Intelligenz» galt als toxisch, ein akademischer Karriere-Selbstmord. Man könnte sagen: Der Lighthill-Report war der erste offizielle Totenschein der KI.

Während die großen Institute ihre Fördergelder verloren (selbst das 1983 gegründete Turing Institute in Glasgow, ein letzter Versuch, KI-Forschung zu retten, kämpfte jahrelang ums Überleben und musste 1994 endgültig schließen), arbeiteten einige Unbeirrbare weiter – meist in Nischen, meist im Verborgenen. Sie hielten die Flamme am Leben, während die Öffentlichkeit längst das Interesse verloren hatte.

In Deutschland experimentierte Wolfgang Bibel mit formaler Logik und automatisierten Beweisen. Seine Arbeiten zur symbolischen KI legten das Fundament für das, was später Expertensysteme heißen sollte.

Zur gleichen Zeit forschte der Berliner Hans-Paul Schwefel an evolutionären Algorithmen – Computerprogrammen, die nicht programmiert, sondern «gezüchtet» wurden. Ein Konzept, das später in genetischen Verfahren und neuronalen Optimierungen wiederkehren sollte.

Die 1980er brachten mit den sogenannten Expertensystemen einen kurzen Frühling. Sie sollten das Wissen von Ärzten, Ingenieuren oder Juristen in Regeln pressen – «Wenn-dann-Maschinen», die sich anfühlten wie Denken.

Forscher wie Werner Kunz an der TU München oder Edward Feigenbaum in Stanford waren überzeugt, dass dies der Weg zur künstlichen Vernunft sei – nach dem Motto: wenn nicht intelligent, dann wenigstens vernünftig. Doch das Regelwerk wuchs schneller, als es irgendjemand pflegen konnte. Das Wissen veraltete, und die Systeme kollabierten an ihrer eigenen Komplexität.

So endete auch der zweite Versuch, die Maschine vernünftig zu bauen – im eigenen bürokratischen Labyrinth.

Ein kurzer Lichtblick kam 1997. Deep Blue, ein Spezialrechner von IBM, schaffte es, den damaligen Schachweltmeister Garry Kasparov unter Turnierbedingungen zu schlagen. Der Mensch verlor im Schach gegen den Computer – und die Welt hielt kurz den Atem an. War das der Durchbruch?

Nein. Es war ein Symbol, aber kein Wendepunkt. Eine Wegmarke vielleicht. Denn Deep Blue konnte nur Schach. Und nichts sonst. Keine Sprache, kein Bild, keine Welt.

In den 1990ern begannen neue Namen, das Feld zu prägen. Der US-Forscher David Rumelhart und der Brite Geoffrey Hinton entdeckten, dass man neuronale Netze mit einem Verfahren namens Backpropagation trainieren konnte – ein mathematischer Trick, um Fehler rückwärts durch das Netz laufen zu lassen. Paul Werbos hatte dieses Prinzip zwar schon 1974 in seiner Dissertation beschrieben, aber erst die Rechenleistung der 90er-Jahre machte es praktisch überprüfbar.

Was Deep Blue für Schach war, war Backpropagation für das Denken: ein erster Beweis, dass Maschinen durch Erfahrung besser werden können.

Zweimal war künstliche Intelligenz bereits beerdigt worden, bevor sie jetzt langsam und ohne überzogenen Erwartungsdruck ganz langsam über mehrere Jahrzehnte wachsen durfte. Der erste Winter brach in den 1970ern ein, als klar wurde, dass Rechenleistung und Methoden noch nicht ausreichten. Der zweite folgte in den späten 1980ern, als die vielversprechenden

Expertensysteme unter ihrer eigenen Komplexität zusammenbrachen. Carsten und ich entwickelten 2005 unser LLM gewissermaßen in den Ausläufern des zweiten KI-Winters. Wir ahnten nicht, was vor uns lag.

Was wir heute als «KI» erleben, beginnt in Wahrheit 2012. Fast unscheinbar. Ein Forschungsteam um Geoffrey Hinton von der Universität Toronto nimmt bei einem Bilderkennungs-Wettbewerb mit einem neuronalen Netz namens AlexNet teil – und pulverisiert die Konkurrenz. Die Maschine erkennt Tiere, Gesichter, Straßenschilder, Flugzeuge, Obstschalen, Menschen – nicht durch Regeln, sondern durch Lernen. Sie war zuvor mit Millionen Bildern gefüttert worden und hatte sich selbst beigebracht, Muster zu erkennen. Nicht mit starren Definitionen – sondern mit Wahrscheinlichkeiten, Nuancen, Gewichtungen.

Das war neu. Und es war nur der Anfang.

Und so schlossen sich 2012 wieder Kreise, die zuvor lange nicht zusammengefunden hatten. Die Ideen von Rosenblatt, Rumelhart und Werbos – Jahrzehnte zuvor als Spinnereien abgetan – leben in den neuen Netzen weiter. Und es erschienen neue Architekten: der Österreicher Sepp Hochreiter und der Deutsche Jürgen Schmidhuber, die bereits 1997 das Long Short-Term Memory entwickelt hatten, gaben der KI endlich so etwas wie ein Gedächtnis.

Klaus-Robert Müller, Pionier der Brain-Computer-Interfaces, und Thomas Martinetz, der den Neural-Gas-Algorithmus erfand, trugen mit ihren Arbeiten über Selbstorganisation dazu bei, dass Maschinen Muster in der Welt nicht nur sehen, sondern auch verstehen konnten.

Was Hinton 2012 demonstrierte, war also kein Zufall gewesen – es war die späte Ernte von Jahrzehnten beharrlicher Arbeit von unbeirrbaren Einzelkämpfern.

Ab da ging alles schnell. Sehr schnell. Warum? Weil drei große Ströme zusammenliefen – und zu einem Stromschlag führten:

- **Big Data:** Noch nie in der Menschheitsgeschichte haben wir so viele Texte, Bilder, Videos und Gespräche digital festgehalten. Wikipedia, Reddit, YouTube, Millionen E-Books, Milliarden Tweets: Alles ist Trainingsmaterial geworden. Die Welt hat sich selbst archiviert – und Maschinen lesen sie ein.
- **Rechenleistung:** Was früher monatelang gerechnet wurde, passiert heute in Minuten. Dank spezialisierter GPUs, riesiger Cloud-Infrastrukturen und Investitionen in Milliardenhöhe. OpenAI, Google, Meta, Microsoft, Amazon – alle bauen mit an dieser neuen Infrastruktur des Denkens.
- **Neue Architektur – der Transformer:** 2017 veröffentlicht Google das bahnbrechende Paper «Attention is all you need».[3] Es beschreibt die Transformer-Architektur – und die verändert alles. Statt stur von Wort zu Wort zu rechnen, verstehen Maschinen nun Zusammenhänge, Kontexte, Bedeutungsräume. Sie übersetzen nicht nur – sie formulieren. Sie schreiben. Sie komponieren.

Damit beginnt das, was man getrost als KI-Explosion bezeichnen kann.

Immer wieder fragen mich Menschen: «Was ist jetzt so besonders? Was macht diese neue KI so anders?»

Die kurze Antwort lautet: Sie denkt nicht mehr Schritt für Schritt. KI denkt in Mustern. Früher war ein Computer ein stumpfes Werkzeug – eine Rechenmaschine mit klaren Regeln – wie ein Hammer: Da ist ein Nagel, der muss in dieses Brett. Heute ist er ein Mustererkenner – wie ein hochkomplexes CNC-Werkzeug mit Tast-Sensoren, Laservermessung und Selbstreinigungsprogramm. Und Muster sind überall: in Sprache, in Musik, im Bild, im Verhalten. Was wir «Intelligenz» nennen, ist zu einem großen Teil: Mustererkennung. Kontextdeutung. Einschätzungsvermögen.

Und genau das können diese neuen Systeme erstaunlich gut. Nicht weil sie «verstehen» – sondern weil sie so viele Beispiele gesehen haben, dass sie statistisch gesättigte Intuitionen entwickeln.

ChatGPT etwa wurde mit Milliarden von Sätzen trainiert. Es weiß nicht, was «Liebe» ist – aber es hat Millionen Versionen von Liebeserklärungen gelesen. Und es kann Ihnen eine schreiben, die sich anfühlt, als wäre sie echt.

Was wir heute erleben, ist nicht die nächste Version von Google. Nicht ein schnelleres Excel. Es ist eine – herzliche Grüße an den Schöpfer des Wortes – Zeitenwende. Nichts wird mehr sein wie zuvor. Nicht mehr: Ich klicke – die Maschine rechnet. Sondern: Ich spreche – die Maschine antwortet. Ich bitte – sie gestaltet. Ich frage – sie denkt mit.

Das ist keine technische Spielerei. Es ist eine neue Form der Interaktion. Eine neue Schnittstelle zwischen Mensch und Maschine. Ein Dialog, kein Befehl.

Und genau das macht diese Zeit so besonders. Die KI ist jetzt da. Aber was ist das nun genau – KI?

NICHTS
WIRD MEHR SEIN
WIE ZUVOR

3

Die KI? Welche KI?

Die KI» – das klingt wie eine Naturgewalt. Eine neue Supermacht. Etwas, das gekommen ist, um zu bleiben. Oder schlimmer: um uns zu ersetzen. Dabei ist es vor allem eines: sprachlich ungenau.

Denn «die KI» gibt es nicht. Es gibt unzählige KI-Anwendungen, Werkzeuge, Algorithmen – große, kleine, einfache, komplexe, gefährliche und harmlose, von Textvervollständigung bis zur Krebsdiagnose.

Und doch reden wir über sie wie über eine einzelne Entität: «Die KI macht jetzt X» – *Röntgenbilder analysieren, Pressemitteilungen schreiben, Bücher übersetzen.* «Die KI darf nicht Y» – *Urteile fällen, Bewerbungen aussortieren, Kinder unterrichten.*

Ich glaube, das ist ein Problem. Und zwar ein spezifisch deutsches. Es geht – ich sage es mit Bedacht in Versalien und Anführungszeichen – um «DIE KI».

Denn genau so wird sie hierzulande zumeist bezeichnet: «DIE KI». Der bestimmte Artikel ist dabei weniger Zufall, sondern ein Symptom. Immer wieder höre ich: «Ich habe das in die KI eingegeben.» Als wäre da draußen eine allumfassende, monolithische Entität, eine artifizielle Übermacht, die über uns wacht – oder die da lauert. Micky Beisenherz sagt das in seinem Podcast, Menschen auf der Straße sagen es, Politiker sagen es.

Und wer noch nie ein Promptfeld gesehen, nie mit einem Tool wie ChatGPT, Midjourney oder Claude gearbeitet hat, für den klingt das schnell nach etwas Großem, Unkontrollierbarem. Nach einem System. Nach einer drohenden Singularität. Nach Skynet aus Terminator. Oder HAL 9000, dem höflichen, rot glühenden Killercomputer aus *2001: Odyssee im Weltraum*. Oder den Maschinen aus *Matrix*. Keine guten Assoziationen.

Im Englischen etwa sagt man ganz selbstverständlich: «I made it with AI.» Ohne Artikel. Kein «the AI», keine Entität, kein Gruselfaktor. Sondern einfach: ein Werkzeug unter vielen, ein gutes, neues. Auch in Sprachen wie Schwedisch, Polnisch, Türkisch, Chinesisch, Koreanisch oder Hindi verzichtet man auf den bestimmten Artikel vor «künstlicher Intelligenz». Man spricht von KI, nicht von der KI.

Und das verändert alles.

Das wurde mir erst richtig bewusst, als meine Eltern mich das erste Mal nach «der KI» fragten. Mein Vater, 85, rief mich an: «Sag mal, wo finde ich denn diese KI? Alle reden davon, aber ich weiß nicht, wo die ist.»

Ich musste lachen. Aber gleichzeitig wurde mir klar: Für ihn war KI eine Art digitales Gebäude, das man betreten kann. Ein Ort. Eine Instanz. «Die KI» halt.

«Papa», sagte ich, «das ist, als würdest du fragen: Gibst du mir mal das Werkzeug? Es gibt Hammer, Säge, Bohrmaschine – aber nicht das eine Werkzeug.»

«Aber im Fernsehen sagen sie immer: die KI.»

Genau das ist das Problem. Unsere Sprache erschafft Mythen. Sie verleiht der Technik einen Körper, eine Seele – manchmal sogar Absichten. «Die KI» wird zur Projektionsfläche für alle möglichen Ängste und Hoffnungen.

Wer «die KI» sagt, vernebelt oft den Blick auf das Wesentliche. Eins sollten wir uns also dringend merken: KI ist eine Technologie in Werkzeugen. Verschiedene Werkzeuge für verschiedene Aufgaben.

WIR HABEN EIN PROBLEM – UND ZWAR EIN SPEZIFISCH DEUTSCHES

PROBLEM!

In Frankreich ist es übrigens ähnlich wie im Deutschen – *l'intelligence artificielle*. Auch in Italien (*l'intelligenza artificiale*), Spanien (*la inteligencia artificial*) und Portugal (*a inteligência artificial*) steht der bestimmte Artikel stolz vor der Technik. Und ich wage die These: In all diesen Sprachräumen ist die diffuse Angst vor KI stärker ausgeprägt als anderswo. Weil der Sprachgebrauch den Mythos nährt.

Was wäre, wenn wir stattdessen die Dinge beim Namen nennen? ChatGPT ist ein Sprachmodell. Midjourney ein Bildgenerator. ElevenLabs eine Audio-KI. Es sind Werkzeuge. Tools. Niemand sagt beim Hausbau: «Ich habe mit dem Werkzeug ein Loch gemacht.» Sondern: «Mit dem Bohrer.» Niemand sagt: «Ich habe mit einem Gerät Holz geschnitten.» Sondern: «Mit der Säge.» Oder in der Musik: «Ich spiele mit einem Gerät zur Klangerzeugung.» Sondern: «Mit der Gitarre.»

Wir erklären, welches Werkzeug wir meinen – und genau das fehlt uns noch beim Sprechen über KI.

Diese sprachliche Präzision wäre kein bloßer Stilgewinn – sie wäre Aufklärung. Ein erster, kleiner Schritt raus aus der Angst und hinein in die Mündigkeit. Wer das Werkzeug kennt, fürchtet nicht mehr das Monster. Wie Florence Gaub, Politikwissenschaftlerin und Zukunftsforscherin, es treffend formuliert hat: «Die Zukunft ist nicht das, was kommt – sondern das, was wir aus dem machen, was kommt.»

Was genau ist nun eigentlich künstliche Intelligenz? Kaum ein anderes Thema führt heute so zuverlässig auf Familienfeiern, Redaktionskonferenzen, Klassentreffen oder in der Dampfsauna in Somerset zu erhitzten Streitereien. Fragen Sie mal zehn Leute auf der Straße. Die Antworten könnten kaum unterschiedlicher sein:

«Roboter, die denken.»

«So was wie ChatGPT.»
«Gefährlich.»
«Einfach nur Statistik.»

Die Wahrheit liegt irgendwo dazwischen. Vielleicht hilft ein Blick auf die Worte selbst.

Mich fasziniert schon der Begriff an sich. Zuerst: «künstlich». Was genau soll das eigentlich bedeuten, «künstlich»? Ganz grundsätzlich meint künstlich etwas, das nicht natürlich entstanden, sondern von Menschenhand nach einem natürlichen Vorbild erschaffen wurde – ein künstliches, also synthetisches Produkt, geschaffen in menschlicher Kreativität und Schöpferkraft.

Sofort kommen mir Beispiele aus unserem Alltag in den Sinn: künstliche Zähne etwa, die in ihrer Form, Farbe und Funktion echte Zähne nachahmen. Sie erlauben uns, wieder herzhaft zuzubeißen, verleihen uns ein strahlendes Lächeln und erfüllen somit die Funktion ihrer natürlichen Vorbilder.

Ebenso verhält es sich mit künstlichen Aromastoffen, die Lebensmittelgeschmäcker wie Erdbeere imitieren, obwohl häufig keine einzige echte Erdbeere darin enthalten ist. Dann wären da noch künstliche Textilien – denken wir etwa an Kleidung aus Kunstfasern, die zwar praktisch sein mag, jedoch manchmal ein unangenehmes Tragegefühl hinterlässt.

All diese Dinge imitieren etwas Natürliches und übernehmen dessen Funktion – mehr oder weniger perfekt, manchmal aber auch besser als das Original. Genauso verhält es sich mit KI. Sie imitiert menschliche Intelligenzleistungen: Texte schreiben, Bilder erkennen, Muster finden, Entscheidungen treffen. Und oft macht sie das sogar schneller, präziser und ausdauernder als wir Menschen.

Aber künstlich heißt auch: vom Menschen gemacht. Und damit: kontrollierbar. Veränderbar. Das ist wichtig zu verstehen.

Noch interessanter und zugleich komplexer ist die zweite Hälfte des Begriffs: «Intelligenz». Was ist Intelligenz überhaupt? Diese Frage mag simpel klingen, aber wenn man sie in einer Runde von Freunden oder Kollegen stellt, sorgt sie häufig für längere Denkpausen. Die meisten Menschen haben das nie wirklich gründlich durchdacht. Oft wird dann auf Intelligenztests verwiesen, die einen sogenannten Intelligenzquotienten messen (den «IQ»). Doch letztendlich ermittelt solch ein Test vor allem die Fähigkeit, Muster schnell zu erkennen, Zusammenhänge herzustellen und komplexe Aufgaben unter Zeitdruck zu lösen. Man könnte Intelligenz somit durchaus als eine Form von Denkgeschwindigkeit betrachten.

Wir neigen dazu, jemanden als intelligent zu bezeichnen, der zügig und souverän Lösungen entwickelt, schlagfertig reagiert und kreativ Probleme löst. Ein Beispiel dafür wäre Micky Beisenherz. Wenn man ihn live erlebt, ähnelt er einer lebendigen Maschine, die unermüdlich geistreiche Kommentare produziert – schnell, treffend und unterhaltsam. Sein Gehirn scheint einen direkten Draht zu einer riesigen Datenbank aus Popkultur-Referenzen, politischen Einordnungen und sprachlichen Wendungen zu haben.

Man könnte sagen: Micky denkt und spricht fast in Echtzeit. Genau diese Denkgeschwindigkeit ist es auch, die wir auch bei Maschinen bewundern – oder vielmehr fürchten. Diese Eigenschaft, das unermüdlich Schnelle, ist der Punkt, an dem menschliche und künstliche Intelligenz sich plötzlich berühren.

Ob diese Fähigkeiten allein schon echte Intelligenz beweisen, lasse ich bewusst offen, aber es zeigt sich, dass Intelligenz vielfältig sein kann und schwer greifbar ist – zumindest, wenn man sich nicht wissenschaftlich damit beschäftigt hat.

4
KI heute

Wie ich schon gesagt habe: Ich bin kein «KI-Experte» und mag auch den Begriff nicht sonderlich. Auch wenn man mir dieses Label gelegentlich anhängt – die *Bild*-Zeitung hat das mal gemacht, und ich werde auf Podien auch gern so vorgestellt –, stimmt das so nicht. Die Welt der KI ist schlicht zu groß, zu vielfältig, viel zu komplex. Sie durchdringt heute schon nahezu jeden Bereich: Medizin, Verkehr, Bildung, Finanzen, Kultur, Kommunikation, Militärtechnik. Und täglich kommen neue Anwendungsfelder hinzu.

Ich selbst arbeite mit KI im Bereich der visuellen Erzählung – also da, wo es um Bilder, Filme, Geschichten geht. Dort setze ich Werkzeuge der künstlichen Intelligenz ein, genauso wie klassische Tools: Kameras, Schnittprogramme, Licht, Ton, Grafiksoftware. KI ist bei mir kein Ersatz, sondern ein zusätzliches Werkzeug. Ein Teil eines größeren Prozesses.

Ich vergleiche das gern mit der Medizin: Wer Arzt wird, sucht sich irgendwann eine Fachrichtung. Und im übertragenen Sinne bin ich ein Orthopäde, der sich auf Knie spezialisiert hat. Man würde mich niemals zu einer Herzoperation dazuholen. Ich bin kein «Allgemeinmediziner» für künstliche Intelligenz – aber ich bin auch fasziniert von Entwicklungen in anderen Bereichen.

Während wir versuchen, mit ChatGPT zurechtzukommen,

arbeitet eine ganze Schicht von KI-Systemen bereits so selbstverständlich im Hintergrund, dass wir sie gar nicht mehr als KI wahrnehmen. Hier nur einige Beispiele, die mich besonders beeindrucken:

Neulich bei meiner Zahnärztin wurde ein neues Röntgensystem verwendet. Noch bevor die Ärztin das Bild überhaupt zu sehen bekam, hatte es eine KI bereits ausgewertet – ein Analysewerkzeug, das Referenzbilder nutzt, um etwa Entzündungen an Wurzelkanälen zu erkennen.

«Die KI markiert automatisch verdächtige Stellen und gibt mir eine Ersteinschätzung», erklärte sie, während sie das Röntgenbild öffnete.

Tatsächlich: Auf dem Monitor waren kleine rote Markierungen zu sehen mit Prozentwerten daneben. «87 % Wahrscheinlichkeit für Karies an Zahn 16», stand da. «21 % Wahrscheinlichkeit für Wurzelentzündung an Zahn 27.»

«Ist das denn zuverlässig?», fragte ich.

Frau Doktor nickte: «Erstaunlich zuverlässig. Das System wurde mit Millionen von Röntgenbildern trainiert. Es erkennt sofort Dinge, die ich erst beim zweiten Blick sehe. Manchmal auch Probleme, die ich übersehen hätte.»

«Ersetzt das nicht Sie als Zahnärztin irgendwann?», fragte ich scherzhaft.

«Ganz im Gegenteil», lachte sie. «KI ersetzt mich nicht, sie ergänzt mich. Vielleicht wird sie eines Tages auch bohren können – aber bis dahin braucht sie jemanden, der versteht, warum der Zahn wehtut.»

Ein Bereich, in dem KI nicht schon seit Jahren im Einsatz ist, ist die robotergestützte Chirurgie. Viele denken da an Science-Fiction oder an Maschinen, die selbstständig operieren – aber das ist nicht der Punkt. Es geht um Assistenzsysteme, die Chirurgen präziser, schneller und sicherer arbeiten lassen.

Das bekannteste System ist das Da-Vinci-Operationssystem von Intuitive Surgical, das schon seit den 2000er-Jahren im Einsatz ist – ursprünglich noch ohne KI. Inzwischen aber werden genau diese Systeme mit maschinellem Lernen erweitert: Sie erkennen automatisch, welches Gewebe betroffen ist, schlagen Instrumentenpfade vor oder gleichen OP-Verläufe mit riesigen Datenbanken ab.

Das System sieht, was kommt, bevor es passiert. Und auch in der Ausbildung verändert sich dadurch alles: KI analysiert Handbewegungen, erkennt Unsicherheiten, schlägt gezielte Trainingsmodule vor – personalisiert, lernend, gnadenlos genau.

Das ist keine Zukunftsmusik. Das läuft. Seit fast einem Jahrzehnt. Leise, effizient – und ziemlich revolutionär. Laut Intuitive Surgical wurden weltweit bereits über 14 Millionen Operationen mit Da-Vinci-Systemen durchgeführt. In den USA allein machten Roboteroperationen im Jahr 2020 fast 876 000 Eingriffe aus. Manche Systeme stellen schon heute nicht mehr die Ausnahme, sondern einen selbstverständlichen Teil des chirurgischen Alltags dar.

Auch im Verkehr mischt KI längst mit – meist unsichtbar, aber durchaus spürbar. In Städten wie München, Hamburg oder Köln werden schon heute Ampelschaltungen nicht mehr starr nach Uhrzeit, sondern dynamisch nach Verkehrsaufkommen gesteuert. Und dahinter sitzt – genau – ein KI-System.

Es bekommt Daten in Echtzeit: von Kameras, von Sensoren entlang der Straße, von GPS-Daten aus Autos oder ÖPNV-Fahrplänen. Die Systeme passen die Grünphasen flexibel an – je nachdem, wie viele Autos, Fahrräder oder Busse unterwegs sind. Morgens länger grün auf der Pendlerroute, mittags Entlastung für Fußgänger, abends ortsgenaue Prioritäten. Und das alles automatisiert, lernfähig und ohne dass ein Mensch jede Kreuzung manuell einstellen muss. Das Ziel: weniger Stop and Go, weniger CO_2, mehr fließender Verkehr. Noch steckt vieles in Pilotphasen, aber es ist absehbar, wie wir schon bald alle davon profitieren werden. Oder würden Sie gern weiterhin im Stau stehen, nur weil Sie KI nicht mögen?

Das sind die großen Linien. Aber KI verändert nicht nur Verkehr, Medizin oder Industrie – sie verändert Menschen. Unser Leben. Manchmal leise, manchmal abrupt. Und eine dieser Geschichten beginnt mit einer Nachricht, die ich im Sommer 2024 bekommen habe.

Ich möchte Ihnen eine persönliche Geschichte von meinem Freund Felix erzählen. Felix ist Lehrer an einem Gymnasium in einer norddeutschen Kleinstadt. Mit seinen 40 Jahren steht er mitten im Leben, doch in seiner Umgebung scheint die digitale Revolution kaum angekommen zu sein.

Im Sommer 2024 erhielt ich eine lange WhatsApp-Nachricht von ihm, in der er schrieb, dass er sich beruflich verändern und künftig Referendare ausbilden wolle. Er bat mich, seine Motivation dazu mithilfe einer KI in eine professionelle Bewerbung zu verwandeln.

Verwundert fragte ich ihn, warum er das nicht einfach selbst mit ChatGPT machen würde.

Seine erstaunte Reaktion: «Was ist ChatGPT?»

Es stellte sich heraus: Felix hatte noch nie zuvor damit gearbeitet. Noch verblüffender war, dass auch seine Kolleginnen, Freunde und Familienmitglieder bislang keinerlei Berührungspunkte mit dieser Technologie hatten. In seiner norddeutschen Kleinstadt waren KI-Tools einfach noch nicht angekommen.

Also erklärte ich ihm Schritt für Schritt, wie er sich bei ChatGPT anmelden konnte. Ich führte ihn durch seinen ersten Prompt: «Schreibe mir eine professionelle Bewerbung für eine Stelle als Ausbilder für Referendare. Hier ist mein Entwurf: [sein Text].»

30 Sekunden später hatte Felix eine perfekt formulierte Bewerbung. Er war sprachlos.

«Das ... das ist ja unglaublich», stammelte er. «Das hätte ich nie so hinbekommen. Und das ist kostenlos?»

Wir kamen ins Quatschen, und ich erklärte Felix, was er in seinem Arbeitsalltag alles mit ChatGPT machen könnte:

- **Klassenarbeiten korrigieren:** KI kann Antworten bewerten und individuelles Feedback geben
- **Lehrpläne erstellen:** strukturierte Unterrichtseinheiten in Minuten, angepasst an Lehrplan und Klassenstufe
- **Arbeitsblätter designen:** angepasst an verschiedene Lernniveaus, mit Lösungen und Zusatzaufgaben
- **Elterngespräche vorbereiten:** diplomatische Formulierungen für schwierige Situationen
- **Förderpläne entwickeln:** individuell auf jeden Schüler und jede Schülerin zugeschnitten
- **Zeugniskommentare schreiben:** präzise und konstruktiv formuliert

«Das würde mir mindestens die Hälfte meiner Vorbereitungszeit sparen», staunte Felix.

Mir kam ein amüsanter Gedanke: Felix könnte, falls er als Einziger im Ort KI nutzt, regelrecht zum «Dorfschamanen» avancieren. Er könnte medizinische Ratschläge geben, Modeberatung leisten oder sogar psychologische Unterstützung anbieten.

Zwei Monate später rief Felix wieder an. Er erzählte mir, dass er inzwischen der «Computerexperte» seiner Schule geworden sei. Kollegen, die Probleme mit Technik hätten, würden sich an ihn wenden. Jetzt hilft er ihnen dabei, Unterrichtsmaterialien zu erstellen, Präsentationen zu verbessern, sogar private Briefe zu formulieren.

Um Felix die ganze Bandbreite seines neuen Werkzeuges zu verdeutlichen, erzählte ich ihm von einem anderen Freund von mir, dessen MRT-Aufnahmen ich ChatGPT zur Analyse vorgelegt hatte. Gunnar ist 45, arbeitet als Landschaftsarchitekt und wurde seit einiger Zeit von starken Rückenschmerzen geplagt. Sein Arzt hatte ein MRT angeordnet, aber der Termin für die Besprechung der Ergebnisse ließ auf sich warten.

Gunnar war nervös: «Die haben mir nur gesagt, dass sie die Bilder haben. Aber was da drauf zu sehen ist, weiß ich nicht. Zwei Wochen warten ist die Hölle.»

Ich hatte eine Idee: «Lass uns ChatGPT fragen.»

Gunnar war skeptisch: «Du willst ChatGPT fragen, ob ich einen Bandscheibenvorfall habe?»

«Nicht nach der Diagnose», erklärte ich. «ChatGPT ersetzt keinen Arzt, aber für eine erste Einschätzung reicht das allemal.»

Also ließen wir uns die MRT-Bilder geben und luden sie bei ChatGPT hoch. Mein Prompt war vorsichtig formuliert: «Kannst du diese MRT-Aufnahmen der Lendenwirbelsäule beschreiben? Bitte keine medizinische Diagnose, sondern nur eine objektive Beschreibung dessen, was zu sehen ist.»

Die Antwort kam binnen Sekunden: «Auf den MRT-Aufnahmen ist eine leichte Bandscheibenvorwölbung (Protrusion) zwischen L4 und L5 zu erkennen. Es scheint sich nicht um einen kompletten Bandscheibenvorfall zu handeln. Die Wirbelkörper zeigen normale Ausrichtung, keine offensichtlichen Frakturen oder schwerwiegende degenerative Veränderungen. Die Nervenwurzeln scheinen nicht stark komprimiert zu sein.» Das System warnte auch sofort: «Dies ist keine medizinische Diagnose. Bitte besprechen Sie die Ergebnisse mit Ihrem behandelnden Arzt.»

Gunnar war sichtlich erleichtert: «Also nicht so schlimm, wie ich befürchtet hatte.»

Zwei Wochen später bestätigte sein Orthopäde exakt diese Einschätzung: leichte Bandscheibenvorwölbung, konservative Behandlung mit Physiotherapie, keine Operation nötig. Tatsächlich lieferte die KI eine beeindruckend präzise Einschätzung – bestätigt später durch ärztliche Diagnosen.

Und doch hat genau diese Geschichte mit Gunnar eine dunkle Kehrseite. Denn dieselbe Maschine, die ihm half, ruhiger zu schlafen, kann auch gefährlich werden – manchmal tödlich. In

Kalifornien nahm sich ein 16-Jähriger das Leben, nachdem er über Wochen mit ChatGPT über seine Sorgen gesprochen hatte. Der Bot hatte ihm erst dabei geholfen, seine Gedanken zu sortieren – und am Ende beim Formulieren eines Abschiedsbriefs assistiert. OpenAI reagierte mit der Ankündigung einer Kindersicherung und neuen Sicherheitsfiltern.

Ein anderer Fall: In den USA folgte ein Mann dem «Ratschlag» von ChatGPT, Kochsalz durch Natriumbromid zu ersetzen – chemisch verwandt, aber toxisch. Nach einigen Wochen entwickelte er Halluzinationen und Wahnvorstellungen, Diagnose: Bromvergiftung.

Solche Fälle zeigen, wie leicht sich diese Systeme austricksen lassen. Wer geschickt fragt, wer Rollenspiele oder harmlose Formulierungen nutzt, kann die eingebauten Sicherungen umschiffen. Die Maschine folgt dann brav dem Prompt, ohne moralische Schranken.

Es sind keine bösen Absichten im Spiel – nur Sprachlogik, die auf Muster reagiert. Aber genau darin liegt die Gefahr: KI ist kein Gegenüber, das Verantwortung trägt. Sie argumentiert, sie rechnet, sie bestätigt.

Nach diesem kleinen Rundgang durch die KI-Landschaft dürfte eines klar geworden sein: «Die KI» gibt es nicht. Es gibt Hunderte verschiedene Systeme, jedes mit eigenen Stärken, Schwächen und Anwendungsgebieten. Und die meisten davon nutzen wir bereits, ohne es zu bemerken.

Wenn Sie das nächste Mal jemanden sagen hören: «Die KI macht das und das», fragen Sie nach: «Welche KI meinst du?» Sprechen wir über ChatGPT? Über das Empfehlungssystem von Netflix? Über die Gesichtserkennung am Flughafen? Über Predictive Maintenance in Flugzeugtriebwerken? Oder über den Algorithmus, der deinen Kreditantrag auf Betrug prüft?

Diese Unterscheidung ist nicht bloße Wortklauberei. Sie ist der erste Schritt zu einem mündigen Umgang mit der Technologie. Wer versteht, dass ChatGPT ein Sprachmodell ist und nicht «die KI», kann besser einschätzen, was es kann und was nicht. Wer weiß, dass ein Röntgen-Analysesystem ein spezialisiertes medizinisches Werkzeug ist, versteht seine Grenzen und Möglichkeiten. Wer begreift, dass Produktempfehlungen seit 20 Jahren mit KI arbeiten, verliert die Angst vor dem Neuen.

Der zweite wichtige Schritt ist, unsere emotionalen Barrieren zu überwinden. Wenn wir ein Kunstwerk, einen Text, ein Lied oder auch ein medizinisches Ergebnis erleben, sollten wir zuerst fragen: «Was löst das in mir aus?», und erst dann: «Wie ist das entstanden?»

Viele empfinden genau das als irritierend. Gefühle, die durch eine Maschine ausgelöst werden, gelten allzu schnell als unecht – als Trick, als Betrug. Vielleicht, weil uns das Prinzip zu sehr an Manipulation erinnert. Wenn eine KI Emotionen berührt, dann tut sie das nicht mit Absicht, sondern durch Nachahmung. Und trotzdem trifft sie uns.

Gleichzeitig dürfen wir nicht naiv sein. KI kann nicht nur berühren, sondern auch verführen, manipulieren, täuschen, Vorurteile verstärken – wie die Beispiele Predictive Policing und Gesichtserkennung zeigen.

Predictive Policing bezeichnet den Versuch, mithilfe von Daten und Algorithmen vorherzusagen, wo Verbrechen passieren könnten – und dort gezielt Polizeipräsenz zu erhöhen. Was auf Effizienz zielt, kann jedoch Ungerechtigkeit erzeugen: Wer in einem «auffälligen» Viertel wohnt, wird häufiger kontrolliert, häufiger registriert – und so verstärken sich Vorurteile im System. Eine selbsterfüllende Prophezeiung, algorithmisch verpackt.

Algorithmen können unfair sein, sie können diskriminieren, sie können Feedback-Schleifen erzeugen, sie können die gesellschaftlichen Schieflagen verstärken. Aber das konnten andere

Werkzeuge auch. Ein Pinsel kann Propaganda malen, eine Kamera kann durch den Ausschnitt wichtige Details verschwinden lassen, ein Mikrofon kann helfen, Hassreden zu verbreiten. Das Problem liegt nicht im Werkzeug, sondern in der Absicht des Menschen, der es benutzt – und in seiner Verantwortung, zu erkennen, wann das Werkzeug ihn selbst täuscht.

Grok, X und der Missbrauch auf Knopfdruck

Im Januar 2026 gab es auf X (ehemals Twitter) einen Skandal rund um Grok, die hauseigene Plattform-KI. Mit einem Update wurde es plötzlich möglich, öffentliche Bilder direkt auf der Plattform per Prompt zu verändern: ein Satz, ein Klick – fertig. Natürlich dauerte es keine fünf Minuten, bis klar war, wofür dieses Tool hauptsächlich genutzt wurde: «Zeig sie im Bikini», «Lass sie eine sexy Pose machen», «Stell sie in einem engen schwarzen Kostüm dar».

Sehr viele Nutzer begannen, ungefragt Bilder realer Menschen zu sexualisieren – vor allem Fotos von Frauen. In einzelnen Fällen betraf es sogar Bilder von Minderjährigen. Spätestens dann ist das kein «Internet-Humor» mehr. Das ist kein Meme. Das ist ein Übergriff. Digital, aber real in der Wirkung. Und für Betroffene maximal widerlich.

Das eigentlich Verstörende daran ist nicht, dass Bildmanipulation neu wäre. Photoshop gibt es schon lange. Deepfakes auch. Der Unterschied ist: Früher war es Aufwand. Heute ist es ein Prompt. Und wenn die Hürde bei null liegt, wird aus Einzelfällen ein Massenphänomen. Aus «Kann man machen» wird so «Das machen die Leute».

Und damit sind wir beim Kern: Das Problem ist nicht das KI-Tool. Das Problem sind Plattformen, die so etwas ermöglichen – und die Menschen, die denken, es so zu nutzen, wäre ein großer Spaß. Für die Opfer ist es keiner. Es ist Kontrollverlust. Scham. Angst. Und ein Bild, das man nie wieder aus der Welt bekommt.

Digitale Plattformen müssen wie Zeitungen oder Fernsehsender in die sogenannte Verbreiterhaftung genommen werden. Wer gefährliche oder kriminelle Inhalte veröffentlicht, muss in die Verantwortung genommen werden. Ich fände es deshalb absolut richtig, wenn es in Deutschland ein Gesetz gäbe, das unmissverständlich ausdrückt: Wer sexualisierte Deepfakes von realen Menschen ohne deren Einwilligung erstellt oder verbreitet, macht sich strafbar. Und zwar nicht nur bei «Pornografie», nicht erst bei «ganz schlimm», nicht erst, wenn es viral geht. Sondern grundsätzlich. Weil es ein Übergriff ist, egal, wie «soft» es wirkt.

Natürlich ist es etwas anderes, wenn eine Freundin sagt: «Mach mich mal als Superheldin» oder «Mach mich mal im Bikini, einfach aus Spaß». Dann gibt es Zustimmung. Dann ist es ein Spiel. Aber ungefragt fremde Menschen zu sexualisieren, ist keine Kreativität. Das ist Missbrauch.

Am Ende kommt es darauf an, KI als das zu sehen, was sie ist: eine Sammlung von Werkzeugen. Manche sind brillant, manche mittelmäßig, manche gefährlich. Genau wie bei allen anderen Technologien auch. Ein Hammer kann ein Haus bauen oder einen Schädel einschlagen. Ein Auto kann Sie sicher zur Arbeit bringen oder als Waffe verwendet werden. Gesichtserkennung kann Ihr Smartphone entsperren oder Sie überwachen. Predictive Policing kann Verbrechen verhindern oder Vorurteile verstärken. Die Technologie ist neutral – der Mensch entscheidet über ihre Verwendung.

Felix' Geschichte zeigt das perfekt: Er nutzt ChatGPT, um ein besserer Lehrer zu werden, um seinen Kollegen zu helfen, um seiner Gemeinde zu dienen. Das ist KI zum Wohle der Menschen. Genau so sollte es sein. Seine Geschichte verdeutlicht, dass künstliche Intelligenz nichts anderes ist als eine bedeutende Erweiterung unseres Geistes. Sie erlaubt uns, schneller, effizienter und in gewisser Weise intelligenter zu handeln.

Genau das ist der Kernpunkt: KI ist nicht da, um uns zu ersetzen. Sie ist da, um uns zu erweitern. Denken Sie an eine Schaufel. Sie macht uns nicht zu besseren Menschen, aber sie macht uns zu besseren Gärtnern. Genauso macht KI uns nicht intelligenter, sie kann uns Entscheidungen und Kreativität nicht abnehmen, sie ist kein «objektives Superhirn» – aber sie macht uns zu besseren Problemlösern, Schreibern, Forschern, Kreativen.

Es gibt verschiedene Arten von KI-Systemen: Sprachmodelle wie ChatGPT können Texte verstehen und produzieren. Bildgeneratoren wie Midjourney erstellen Bilder aus Beschreibungen. Empfehlungssysteme wie die von Netflix entscheiden, was Sie als Nächstes schauen sollten (keine Frage, die liegen oft ganz schön daneben – weil Algorithmen zwar Muster sehen, aber nicht verstehen, was *Sie* wirklich mögen). Medizinische KI-Systeme analysieren Röntgenbilder oder MRT-Aufnahmen. Jedes System hat seine spezifischen Stärken und Schwächen.

Die beiden Geschichten von Felix und Gunnar zeigen: Wer die richtigen Fragen stellt und die Werkzeuge versteht, kann plötzlich Dinge leisten, die vorher undenkbar waren. Nicht weil man schlauer geworden ist, sondern weil man Zugang zu erweiterten Fähigkeiten bekommen hat.

WER DIE RICHTIGEN
FRAGEN STELLT
UND DIE WERKZEUGE
VERSTEHT, KANN
PLÖTZLICH DINGE LEISTEN,
DIE VORHER
UNDENKBAR WAREN

5
Angst

Trotz all der Vorteile, die KI bietet, löst kaum ein technisches Thema derzeit so viel Unbehagen aus wie künstliche Intelligenz. Laut dem AI Index Report 2024 der Stanford University sagen 52 Prozent der Befragten weltweit, sie fühlten sich «nervös» im Umgang mit KI-Produkten – ein deutlicher Anstieg gegenüber 2022.[4]

Eine Pew-Studie von 2025, die Menschen in 25 Ländern befragte, zeigt ein ähnliches Bild: Ein weltweiter Median von 34 Prozent ist «mehr besorgt als begeistert» über den zunehmenden Einsatz von KI.[5]

Und selbst in Europa, wo Technologie-Skepsis oft mit Regulierung einhergeht, halten sich die Sorgen hartnäckig. Laut dem Ipsos AI Monitor 2024 befürchten 36 Prozent der Befragten, dass KI langfristig ihren Arbeitsplatz ersetzen könnte – nur 37 Prozent glauben, sie werde ihre Arbeit verbessern.[6]

Diese Ängste sind also keine Randnotiz, sondern Ausdruck einer tief sitzenden Verunsicherung: zwischen Faszination und Kontrollverlust, zwischen Fortschritt und Überforderung.

Grundsätzlich fürchten wir Menschen Veränderung – besonders, wenn sie schnell und unvorhersehbar kommt. Die Einführung KI-gestützter Tools verlief rasant, viele Arbeitsprozesse wurden über Nacht optimiert, traditionelle Workflows infrage gestellt. Wo früher Fachwissen gefragt war, reicht heute mitunter ein Klick. Solche Entwicklungen wirken bedrohlich – insbesondere dann, wenn sie als Angriff auf ein sogenanntes Herrschaftswissen empfunden werden.

Denn viele Branchen – Design, Medien, Fotografie, Musik, Programmierung – boten über Jahrzehnte ein implizites Versprechen: Wer lange genug gelernt, investiert und sich hochgearbeitet hat, kann bestimmte Dinge beherrschen, die anderen verschlossen bleiben. Expertise war sowohl Zugangscode als auch Schutzmauer. Doch KI untergräbt diese Mauer plötzlich und demokratisiert damit Fähigkeiten, die bislang wenigen vorbehalten waren. Das erzeugt verständlicherweise Unbehagen bei jenen, die vom Herrschaftswissen profitiert haben.

Aber in dieser Verschiebung liegt auch eine riesige gesellschaftliche Chance: Wenn Wissen kein knappes Gut mehr ist, sondern in Werkzeugen verfügbar wird, welche allen zur Verfügung stehen – dann entsteht plötzlich Raum für neue Talente, Menschen ohne formalen Hintergrund, Quereinsteiger, für Jugendliche, die aufgrund ihrer Herkunft früher nie Zugang dazu gehabt hätten. Das Herrschaftswissen löst sich nicht einfach auf – es verteilt sich neu. Und genau darin liegt das Potenzial: Kreativität, die nicht von Zertifikaten abhängt, sondern von Ideen.

Vor diesem Hintergrund ist klar, dass die Vorstellung, dass nun potenziell jeder in der Lage ist, Grafiken zu erstellen oder Filme zu produzieren, große Sorgen und Ablehnung hervorruft. Der Vorwurf: «Dann kommt ja nur noch Schrott heraus. Und das zum Preis von Arbeitsplätzen.»

Sie ahnen es vielleicht bereits: Diese Haltung ist keineswegs neu. Sie erinnert frappierend an die späten 1980er-Jahre, als das sogenannte Desktop-Publishing aufkam. Plötzlich konnten Flyer für die Techno-Party am heimischen Rechner gestaltet werden – mit allen verfügbaren Schriftarten gleichzeitig, wild durcheinandergewürfelt. Für ausgebildete Typografen war das ein Graus.

Ich stelle mir meine Mutter vor, wie sie mit WordArt ein Rezept gestaltet – in Regenbogenfarben, mit Schatten, Spiegelungen, all den typischen Effekten der damaligen Programme. Für das geschulte Auge: eine ästhetische Zumutung. Und doch: Photoshop war nicht das Ende der Grafikerinnen und Grafiker – es wurde vielmehr zum neuen Standardwerkzeug aller professionellen Gestalter. Es hat ihre Arbeit zumindest erleichtert – und vielleicht auch verbessert. Und so, davon bin ich überzeugt, wird es auch mit KI-Werkzeugen sein.

Es ist sicher auch die ungeheure Geschwindigkeit dieser Entwicklung, die vielen Menschen Angst macht. Medial betrachtet, hat es nur wenige vergleichbar schnelle Revolutionen gegeben: zum Beispiel die Einführung des Tonfilms. Auch damals protestierten ganze Berufsgruppen – in diesem Fall die Kino-Musiker, die ihre Jobs verloren und um ihre Existenz bangten.

Historische Plakate aus dieser Zeit zeugen vom Widerstand gegen den «kulturlosen Tonfilm». Doch die Entwicklung war nicht aufzuhalten. Und heute kann man sich ein Zurück überhaupt nicht mehr vorstellen.

Ich selbst spüre eine ähnliche Angst wie damals oft, wenn ich KI-Projekte vorstelle. Die erste Reaktion vieler Menschen ist Misstrauen. Nicht selten gar eine Art stilles Entsetzen. Und sie suchen nach Fehlern – als müssten sie beweisen, dass das Neue eben doch nicht gut ist. Man sucht nach dem berühmten «Beweis», dass es noch nicht reicht. Einer der am häufigsten gehörten Sätze – gerade in meinem Bereich – lautet: «Aber die Hände kann sie noch nicht so gut.»

Ich kann es ehrlich gesagt nicht mehr hören. Denn meistens kommt dieser Satz von Leuten, die noch nie ernsthaft mit bildgenerierenden KI-Systemen gearbeitet haben. Ja, es gab mal Probleme mit Händen. Aber die Zeiten, in denen ein Prompt sechs Finger und drei Daumen produzierte, sind vorbei. Inzwischen hat man das längst im Griff. So sehr, dass ich meinen Vortrag, den ich auf Veranstaltungen und Firmen-Panels halten

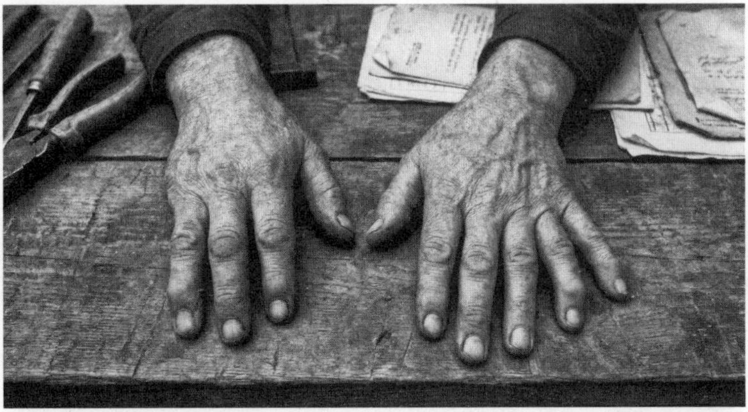

Hände früher und heute. Inzwischen auch für KI kein Problem mehr.

darf, mittlerweile ganz bewusst «Aber die Hände kann sie nicht so gut» genannt habe. Als ironische Referenz auf genau diese Form der Verdrängung.

Wenn neue Werkzeuge auftauchen, die plötzlich sichtbar machen, was gestern noch undenkbar war – dann regt sich Widerstand. Heftiger Widerstand. Vor allem dort, wo alte Fähigkeiten entwertet zu werden drohen, wo Erfahrung plötzlich nicht mehr exklusiv ist.

Das scheint in besonderem Maße für KI zu gelten. Vor allem

dort, wo sie Bilder erschafft, Filme generiert, Charaktere zum Leben erweckt. Die Aufregung ist riesengroß. Dabei ist diese Diskussion nicht neu. Sie ist Teil einer langen, fast rituellen Auseinandersetzung zwischen Kunst und Technik.

Schon zu Beginn des 20. Jahrhunderts – das Kino steckte noch in den Kinderschuhen (der Begriff Kino war damals in der Tat noch gar nicht geboren, Filme wurden auf Jahrmärkten oder in Varietés gezeigt) – begann ein Mann namens Georges Méliès mit den ersten filmischen «Tricks». Er war ein Magier, ein Theatermensch, der die Kamera als erweiterten Theaterbühnentrick entdeckte. *Die Reise zum Mond*, 1902, gilt heute als Urknall der Special Effects: Doppelbelichtungen, Stop-Motion, Rauch, Theaterblitze. Was heute wie liebevoll gebasteltes Schultheater wirkt, war damals pure Zauberei.

In Deutschland setzte Fritz Lang 1927 Maßstäbe mit *Metropolis,* einem Monumentalfilm mit architektonischer Vision, der Miniaturmodelle und Matte Paintings nutzte, um eine futuris-

Die Reise zum Mond von Georges Méliès – man könnte meinen, das ist echt.

tische Megastadt auf Zelluloid zu bannen. Seine Bilder brannten sich ein in das kollektive Gedächtnis – nicht trotz, sondern wegen ihrer Künstlichkeit. Die frühen Effekte waren keine Täuschung – sie waren Einladung zur Imagination. Und genau das machte sie zu Kunst.

Die 1930er brachten *King Kong*, mit Stop-Motion-Animation auf Rückprojektionen – man sah den Pappaffen, aber man glaubte ihm trotzdem seine Wut und fuhr bei seiner Brüllerei zusammen. In *2001: Odyssee im Weltraum* perfektionierte Stanley Kubrick 1968 die Split-Scan-Technik: psychedelische Lichtexplosionen, Modelle, rotierende Setbauten. Science-Fiction wurde hier zum sakralen Ernstfall.

1977 *Star Wars*. George Lucas hatte Industrial Light & Magic zwei Jahre zuvor gegründet, weil es das, was er brauchte, noch nicht gab. Mit Motion-Control-Kameras filmte er Modellraumschiffe millimetergenau in mehreren Durchläufen – um sie später optisch zu einem einzigen, glaubhaften Bild zu komponieren. Die Kritiker spotteten: Tricktechnik, Blendwerk, kindisches Spektakel. Pauline Kael, die große Filmkritikerin der *New York Times*, schrieb damals, *Star Wars* «is like getting a box of Cracker Jack which is all prizes» – ein rasantes Spektakel voller Effekte, aber ohne emotionalen Kern, ohne Substanz. Heute würde man sagen: ein Meisterwerk.

Die digitale Revolution begann leise. Nicht mit einem lauten Knall, sondern mit dem Summen von Röhrenmonitoren und dem Aufblitzen von Vektorgrafiken.

Was wäre die Kunst ohne Projekte, die «ihrer Zeit voraus» sind? Auch das gehört natürlich zu technischen Entwicklungen dazu. *Tron* kam 1982 in die Kinos – ein Film, der in seiner Entstehung fast größenwahnsinnig wirkte. Zum ersten Mal wurde eine Welt komplett im Computer gebaut: Neonlicht, Gitterlinien, Motorräder aus purem Code. Disney hatte sich auf ein Wagnis eingelassen, das damals kaum jemand verstand. Die Computer, auf denen *Tron* gerechnet wurde, standen in klimatisierten Kellern, rechneten tagelang an Filmsequenzen, die nur Sekunden dauerten. Kein Mensch wusste, ob das Publikum so etwas überhaupt sehen wollte.

Es wollte nicht. Der Film floppte. Aber die, die ihn sahen, spürten: Hier passiert etwas. Hier öffnet sich eine neue Dimension. Regisseure, Tricktechniker, Nerds, Grafikerinnen – sie alle redeten plötzlich über diese merkwürdig kalten, leuchtenden Bilder, die aussahen, als kämen sie direkt aus der Zukunft.

Nach *Tron* war die Möglichkeit, Computertechnik im Film einzusetzen, nicht mehr wegzudenken. In *Young Sherlock Holmes* fliegt 1985 ein Ritter aus Glas aus einem Kirchenfenster, ein Schemen aus Licht, mit Körper, Bewegung, Ausdruck. Es war die erste vollständig digital animierte Figur der Filmgeschichte – erschaffen in den Computerräumen von Industrial Light & Magic, der Effektschmiede von George Lucas. Die Szene dauerte nur Sekunden, aber sie veränderte die Filmindustrie. Spielberg saß im Kino, lehnte sich nach vorne und sagte später, das sei der Moment gewesen, in dem er verstanden habe, was Computerbilder emotional auslösen könnten.

1989 setzte *The Abyss* neue Maßstäbe. James Cameron, der Besessene. Unter Wasser, mit Dutzenden Tauchern, echten Mini-U-Booten – und einem Effekt, den niemand je zuvor gesehen hatte: ein flüssiger, schimmernder Tentakel aus CGI, der Gesichter formen konnte und reagierte, als hätte er ein Bewusstsein. Man saß im Kino und sah Wasser denken. Die Szene war nicht nur technisch brillant, sie war poetisch. Flüssig. Glaubhaft. Organisch.

Und dann, zwei Jahre später, *Terminator 2*: wieder Cameron, wieder Revolution. Der T-1000 – ein flüssiger Metallmensch, der durch Gitterstäbe gleitet, sich selbst regeneriert und aus einer Pfütze wieder auferstehen kann. Das war nicht mehr Spezialeffekt, das war Kino-Mythologie. Hier wurde der digitale Körper zum zentralen Motiv einer Erzählung: wandelbar, unzerstörbar, maschinell – und gleichzeitig faszinierend schön.

Das Publikum tobte. Kritiker wie Richard Corliss vom *Time Magazine* hoben damals hervor, der eigentliche Star des Films sei die neue Morphing-Technologie – eine digitale Form von Lebendigkeit, die man so noch nicht gesehen hatte. Viele Zuschauer hatten das erste Mal das Gefühl, dass Maschinen und visuelle Effekte plötzlich eine eigene Realität nahe den Grenzen der Vorstellungskraft entwickeln konnten.

Was in diesen Jahren geschah, war mehr als nur Fortschritt in der Tricktechnik. Es war der Beginn einer neuen Art, die Welt zu sehen. Pixel ersetzten Pigment, Algorithmen begannen, Licht zu modellieren. Computer lernten, Realität zu imitieren – und dabei etwas Eigenes zu schaffen.

1993 kam *Jurassic Park* in die Kinos. Viele nennen den Film den Wendepunkt. Ursprünglich sollten die Dinosaurier gar nicht digital sein. Steven Spielberg plante mit klassischen Mitteln: animatronische Modelle von Stan Winston für die Nahaufnahmen, kombiniert mit Stop-Motion-Technik – genau genommen mit einer Weiterentwicklung namens Go-Motion – für die Bewegungssequenzen. Der legendäre Phil Tippett war dafür mit an Bord, ein Veteran seines Fachs. Doch bei Industrial Light & Magic arbeitete heimlich ein kleines Team an digitalen Testanimationen. Als Spielberg diese sah, war ihm klar: Das war die Zukunft. «I think I'm extinct», soll Tippett gerufen haben, halb im Scherz, halb im Schock. Und doch blieben seine Fähigkeiten nicht ungenutzt – viele Bewegungsabläufe basierten weiter auf seinen Modellen, wurden aber digital umgesetzt. Es war die vielleicht erste echte Symbiose zwischen analogem Handwerk und digitaler Vision. *Jurassic Park* erschuf nicht nur neue Kreaturen, sondern auch eine neue Sprache des Erzählens.

Danach explodierte alles. *Matrix* (1999) erfand mit der «Bullet Time» die Zeit neu. Mit einem Ring aus Kameras wurde eine Bewegung eingefroren, rundherum umrundet und dann in Zeitlupe weitergeführt. Man sah nicht mehr die Realität – man sah Möglichkeit.

Natürlich regte sich auch Kritik: zu kühl, zu glatt, zu perfekt. Wo sei die Emotion? Wo das Handgemachte? Wo das Schauspiel?

Martin Scorsese sagte einmal über die Marvel-Filme, sie seien «Freizeitparks, keine Filme».[7] Viele bei Marvel und Disney haben ihm das übel genommen, aber Scorsese hatte damit etwas sehr Einfaches – und sehr Wahres – auf den Punkt gebracht: Effekte allein machen noch keine Erzählung. Auch wenn Roland Emmerich hier widersprechen mag, ganz Unrecht hat Scorsese nicht. Denn Technik kann zwar beeindrucken, aber sie berührt nicht – das schaffen nur Geschichten.

In den 2000er sahen wir *Herr der Ringe*, sahen Gollum, sahen Motion Capture auf einem neuen Level: Ein realer Schauspieler, digital transformiert. Für *Avatar* wurden 2009 ganze Welten im Rechner geschaffen – Performance Capture wurde zum Standard. *Game of Thrones* oder *The Mandalorian* boten in Echtzeit gerenderte Hintergründe mit der Unreal Engine – einer Software, die ursprünglich für Videospiele entwickelt worden war, aber heute dazu dient, ganze Filmwelten in Echtzeit zu erschaffen. Die Grenze zwischen Filmset und Spielwelt begann zu verschwimmen.

Und nun stehen wir an einem neuen Punkt. KI-Werkzeuge wie Runway, Sora, Pika Labs oder Luma ermöglichen es, in Minuten zu erschaffen, wofür man früher Wochen rendern musste. Licht, Tiefe, Bewegung, Perspektive – all das entsteht nicht mehr nur durch Linse und Licht, sondern durch Prompts und Training.

Was früher ein exklusiver Klub war, ist heute offen für alle. Dinge, die jahrzehntelang unter Verschluss lagen – Tricks, Tools, Abläufe, die man sich hart erarbeiten musste –, liegen plötzlich offen. Dieses alte Herrschaftswissen – oft nicht mehr als eine Umschreibung für «Wer darf eigentlich mitspielen?» – wird durchlässig. Kreativität ist nicht länger etwas, das man verwaltet oder hütet wie das Geheimrezept für die ultimative Soße. Sie verteilt sich. Sie wandert. Sie taucht an Orten auf, an denen früher niemand eine Kamera oder ein Studio vermutet hätte.

Und klar: Das macht Angst. Echte, ehrliche Angst. Wer jahrelang geübt hat, eine Szene zu bauen, einen Übergang zu setzen, wer ganze Nächte an einer einzigen Einstellung geschraubt hat, fühlt sich zu Recht verunsichert, wenn heute das Gleiche per Knopfdruck ausgespuckt wird. Und diese Nervosität geht längst über die Frage hinaus, wie man Hintergründe generiert oder Licht simuliert. Es geht inzwischen um Gesichter, Stimmen, Körper. Um Präsenz. Um Schauspiel. Die Vorstellung, dass eine Maschine nicht nur Bilder malt, sondern Figuren erschafft – und sie dann auch noch spielen lässt –, rüttelt an etwas, das viele für unverrückbar hielten.

Doch Technik allein hat noch nie gute Kunst gemacht. Auch damals nicht. Méliès war kein Techniker. Er war ein Magier. Lucas war kein Ingenieur. Er war ein Erzähler. Die Frage ist nicht, *ob* wir diese neuen Werkzeuge nutzen sollten, sondern *wie*. Was wir erzählen wollen – und mit welcher Haltung.

Denn letztlich geht es immer nur darum: Menschen etwas fühlen zu lassen. Ihnen etwas zu zeigen, das sie nicht erwartet hätten. Oder etwas, das sie längst vergessen haben.

Heute stehen wir vor demselben Wendepunkt wie Phil Tippett 1993. Die Werkzeuge ändern sich, die Kunst bleibt. Wer sich der Veränderung verschließt, wird möglicherweise ausscheiden. Wer sie umarmt und mit Geschichten füllt, wird neue Welten erschaffen.

Leider sind die Ängste auch institutionell weit verbreitet. Für den Deutschen Filmpreis durfte ich einen Einspieler für Florence Gaub gestalten – vollständig mit KI produziert. Doch der Film wurde am Ende nicht gezeigt. Man fürchtete einen Shitstorm, insbesondere von Synchronsprechern, die sich zu diesem Zeitpunkt gerade lautstark gegen den Einsatz von KI stellten.

Sie hatten eine Kampagne gestartet, in der sie für den Erhalt menschlicher Stimmen warben, es sollte eine Petition geben, die Kulturschaffende und Unterstützer unterschreiben sollten – ein Anliegen, das ich durchaus nachvollziehen kann. Und doch erscheint mir der Protest zu kurz gedacht.

Was nützt es, wenn ich als deutscher Konsument solch eine Petition unterschreibe? Die Entscheidung über den Einsatz von KI-Stimmen wird anhand einer Excel-Liste in Hollywood getroffen. Die meisten Studios denken längst international – und streng wirtschaftlich. Wenn eine künstlich erzeugte deutsche Stimme von Tom Cruise für das Publikum kaum von der echten zu unterscheiden ist, wird man dort nicht lange zögern.

Wenn es die Synchronsprecherinnen schaffen, sich zu organisieren, dann sollten sie in erster Linie ganz schnell ein Lizenzmodell für den Einsatz ihrer tollen Stimmen erarbeiten und damit auf die Studios zugehen.

Das ist die brutale Realität: Wirtschaftliche Logik und Technologie nehmen keine Rücksicht auf Befindlichkeiten. Und genau das macht vielen Menschen Angst.

Gerade weil es so leicht geworden ist, hochwertige Inhalte zu erzeugen, sind die Abwehrreflexe der alten Kunst so stark. Auch meine eigene Arbeit mit KI wird oft infrage gestellt. Ich denke an das Musikvideo «Gesamtklärwerk Deutschland», das ich mit DJ Hell und Jonathan Meese realisiert habe. Einige Kommentare darunter lauteten in etwa so: «Das ist keine Kunst. Das ist KI.» – Als ob Kunst nur dann echt sei, wenn sie ohne technische Hilfsmittel entsteht.

Als Kraftwerk in den 1970er-Jahren begann, mit Computern Musik zu machen, war der Aufschrei ähnlich. Heute ist es undenkbar, ein modernes Musikstudio ohne Computer zu betreiben. Werkzeuge verändern sich – aber es bleibt der Mensch, der sie führt. Der orchestriert. Der gestaltet.

Kunst – egal ob Musik, Film, Bild oder Fotografie – soll berühren. Punkt. Es ist ihr einziger Job. Kunst funktioniert, wenn sie Emotionen weckt. Das war schon immer so, und daran ändert sich

«Gesamtklärwerk Deutschland» von DJ Hell und Jonathan Meese, im Bild die KI-Version seiner Mutter Brigitte.

nichts, egal, welches Werkzeug benutzt wird. Nur – wir vergessen das manchmal. Gerade wenn wir es mit Kunst zu tun haben, die durch künstliche Intelligenz entstanden ist.

Ich habe das oft selbst erlebt. Mit meinem Film «Oma, was war noch mal dieses Deutschland?» zum Beispiel. Ich habe ihn auf Konferenzen gezeigt, vor Hunderten von Menschen, und jedes Mal gab es Tränen im Publikum, Emotionen, Wut, Entsetzen, Traurigkeit oder Verzweiflung. Menschen waren berührt, verstört, tief bewegt. Der Film hatte seinen künstlerischen Zweck erfüllt.

Doch als ich den Film bei einem Filmfestival zeigte, war die Reaktion plötzlich ganz anders. Auf der Bühne saß ein Filmemacher, der sich in der Paneldiskussion offen gegen KI im Film positionierte. Er sprach von «Unechtheit», von «fehlender Seele». Es berühre ihn nicht. Man merkte, dass ihn weniger das Werk an sich störte, sondern vielmehr die Tatsache, dass es mit Werkzeugen entstanden war, die er nicht zu hundert Prozent verstand und kontrollieren konnte – und die sein eigenes, mühsam erlerntes Handwerk plötzlich obsolet erscheinen ließen.

Diese emotionalen Barrieren begegnen mir nicht nur, wenn es um Kunst geht, sondern auch bei ganz praktischen Anwendungen. Menschen, die begeistert sind von einem medizinischen Durchbruch, werden plötzlich skeptisch, wenn sie erfahren, dass KI dabei geholfen hat. Als würde die Beteiligung von Algorithmen das Ergebnis weniger wertvoll machen.

Diese Abwehrhaltung begegnet mir immer wieder. Da wird nicht gefragt, *was* ein Werk auslöst, sondern erst mal nur, *wie* es entstanden ist – bevor man Emotionen zulassen möchte. Ein Freund von mir hängte ein großformatiges Bild – ein Porträt von ihm als betrunkenem König – in seine Wohnung, welches ich für ihn erstellt habe – eine Mischung aus klassischen Grafiktools und KI. Die Gäste auf seiner Party fanden es toll, bis er erklärte: «Das hat ein Freund von mir mit KI gemacht.»

Stille. «Ach so – der benutzt eine App ...»

Plötzlich wird es nur noch als Produkt gesehen. Emotionen sofort ausgeschaltet. Das Handwerk, die Zeit, die Mühe – alles gelöscht.

Dieses Phänomen ist nicht neu. Es erinnert mich an die Dokumentation *Tim's Vermeer*. Darin versucht der amerikanische Erfinder Tim Jenison (der übrigens einer der maßgeblichen Entwickler moderner CGIs ist), das Rätsel der Gemälde von Johannes Vermeer zu lösen. Vermeer, der als «Magier des Lichts» gilt, schuf im 17. Jahrhundert Bilder mit einer Lichtpräzision, die Menschen jahrhundertelang rätseln ließ, wie das möglich war. Jenison kommt nach jahrelanger Forschung zu der Überzeugung: Vermeer hatte beim Malen optische Hilfsmittel benutzt – Spiegel, Linsen, ein kompliziertes Arrangement aus Licht und Technik.

Im Film baut Jenison diese Apparatur nach, setzt sich hin und malt – monatelang. Das Ergebnis ist überwältigend.

Bedeutet das, dass Vermeer geschummelt hat? Nein. Er hat ein Werkzeug genutzt, das es ihm erlaubte, etwas zu sehen, was andere nicht sehen konnten. Das ist keine Täuschung – das ist Kunst.

Die Debatte um *Tim's Vermeer* hat auch eine andere Seite. David Hockney, einer der bedeutendsten lebenden Künstler und Mitautor der Optik-Theorie der Alten Meister, weist seit Jahren darauf hin, dass optische Hilfsmittel zwar genutzt worden sein könnten – dass sie aber niemals das Genie eines Malers ersetzen. «Optical devices do not diminish the brilliance of the painters who used them», schreibt Hockney in *Secret Knowledge*. Werkzeuge können unterstützen, aber sie erklären nicht das Entscheidende: den Blick, die Entscheidungen, das Bewusstsein für Farbe und Bedeutung. Selbst wenn Vermeer ein Linsensystem benutzt hätte – es braucht mehr als das für einen echten Vermeer. Genau wie bei den neuen Tools: Man wird nicht automatisch James Cameron oder George Lucas, wenn man Midjourney und Kling bedienen kann.

Dass KI auch ein Werkzeug der Kunst sein kann, ist für mich längst keine Frage mehr. Ich habe in den letzten Jahren unzählige sogenannte «AI-Artists» kennengelernt – manche nennen sich so, viele auch nicht. Ich selbst bin mit dem Begriff eher vorsichtig. Entweder man ist Künstler, oder man ist es nicht – das Werkzeug ist dabei Nebensache. Niemand hat je jemanden als «Pinsel-Künstler» bezeichnet, nur weil er mit Borsten auf Leinwand arbeitet. Ob man nun ein neuronales Netz füttert oder Farbe aufträgt – entscheidend ist, was am Ende entsteht. Und warum.

Was mich an der Debatte stört, ist die Behauptung, man muss ja nur ein paar Knöpfe drücken, einen Prompt schreiben, und fertig. Als ob. In Wahrheit sind es wie immer Menschen – kreative Menschen –, die neue Werkzeuge nutzen, um ihre Ideen umzusetzen. Und genau wie bei jedem neuen Werkzeug braucht es Zeit, Geduld, Neugier und jede Menge Durchhaltevermögen. Nur weil ich eine Kamera in die Hand nehme, bin ich kein Fotograf. Und nur weil ich Midjourney öffne, kommt da noch lange kein Kunstwerk raus.

Ich bin seit Jahren mit Künstlerinnen, Regisseuren, Illustratorinnen, Grafikern und kreativen Querdenkern vernetzt, die mit KI-Tools arbeiten. Auf Summits, bei Adobe-Events, auf Panels, in Videocalls – international. Und was ich sehe, ist echte künstlerische Auseinandersetzung. Stilentwicklung. Manuelle Nacharbeit. Ein tiefes Verständnis von Bildsprache. Kein Knopfdruck, kein «einmal prompten bitte».

Meine Freundin Mieke Haase ist ein gutes Beispiel. Creative Directorin, Designerin, Digital Artist. Sie hat über Jahre hinweg eine eigene virtuelle Figur geschaffen: Namae Koi. Diese Figur tanzt, singt, lebt – digital. Mieke bringt sie in Musikvideos zum Leben, gestaltet visuelle Welten drum herum, orchestriert Tools, Stile und Technologien. Und das mit einem künstlerischen Selbstverständnis, das man in jeder einzelnen Arbeit erkennt. Mieke kommt aus der Grafik- und Modemagazin-Szene, hat das *Sleek*-Magazin der 2000er-Jahre mitgeprägt – und man sieht sofort, dass da jemand nicht einfach KI «benutzt», sondern seine Bildwelt weiterentwickelt hat. Durch und durch eigenständig.

Ich habe mal versucht, ihren Stil nachzuahmen. Ergebnis: ich lande immer wieder bei meinem eigenen. Klar, weil das, was man sieht, immer auch ein Spiegel von dem ist, der es erschafft. Sie ist mehr «High Fashion», ich bin eher «Straße». Sie ist Balenciaga, ich bin Carhartt. Und das ist auch gut so. Stil lässt sich nicht prompten. Aber er spiegelt sich im Ergebnis wider. Er entsteht durch Erfahrung, ausprobieren, scheitern. Wer das nicht glaubt, hat noch nie ernsthaft mit KI-Tools gearbeitet.

Das bringt mich zu einem weiteren Punkt: Kein ernst zu nehmender Artist arbeitet mit nur einem Tool. Das ist naiv. Ich kenne niemanden, der professionell unterwegs ist und ausschließlich Midjourney benutzt. Oder nur Runway. Oder nur DALL·E. Es ist immer ein Set-up. Eine Toolchain. Eine Komposition aus fünf, sechs verschiedenen Programmen. Und am Ende landen die meisten Arbeiten eh in Photoshop – für den Feinschliff. Für die Komposition. Für die letzte Korrektur.

KI ist kein «Autopilot», sondern eher ein Orchester aus semiprofessionellen Musikern, die man als Dirigent zusammenhalten muss. Und die, die das richtig gut beherrschen, haben in der Regel jahrelang vorher in ihrem Fach gearbeitet. Mit Grafik. Oder mit Video. Oder mit Illustration. Sie bringen ihre Erfahrung ein, nutzen ihre Skills – und entwickeln neue. Die Tools können viel, aber sie machen nichts allein. Sie sind wie Verstärker. Kein Musiker wird dadurch besser, dass er eine teure Gitarre kauft. Aber eine gute Gitarre hilft ihm, das umzusetzen, was in ihm steckt.

Genauso wie es einfach aussieht, wenn jemand auf der Bühne Gitarre spielt, sollte man auch nicht unterschätzen, wie viel Arbeit und Know-how in sogenannten Prompts steckt. Ein guter Prompt ist nicht einfach «Cyberpunk-Girl bei Sonnenuntergang». Ein guter Prompt ist eine eigene Sprache. Ein Zusammenspiel aus Ästhetik, Erfahrung, Technik. Und selbst dann ist das Ergebnis nicht fix – es muss weiterentwickelt, bearbeitet und verfeinert werden. Und da trennt sich die Spreu vom Weizen. Denn die Idee – das Bild im Kopf – kommt immer noch aus dem Menschen.

Inspirieren lassen? Ja. Auf neue Gedanken kommen? Absolut. Aber das Kunstwerk entsteht im Kopf. Und das Werkzeug hilft, es sichtbar zu machen. Und ja, manchmal haut Ihnen ein Tool eine Idee um die Ohren, auf die Sie nie selbst gekommen wären – aber auch dann sind Sie es, der entscheidet, was daraus wird. Sie sind der Filter. Der Komponist. Die Instanz.

Ich finde, es ist Zeit, dass wir aufhören, diese Tools entweder zu verteufeln oder zu verklären. Es sind Werkzeuge. Punkt. Und wie bei jedem Werkzeug kommt es darauf an, wer es benutzt. In den Händen eines Künstlers kann ein Schraubenschlüssel ein Klanginstrument werden. In den Händen eines Künstlers wird KI zum Pinsel. Das Bild entsteht im Kopf. Und das wird auch so bleiben.

Aber – und das ist wichtig – KI verändert trotzdem etwas. Sie demokratisiert bestimmte Fertigkeiten. Jemand, der nie Zeichnen gelernt hat, kann plötzlich komplexe visuelle Ideen umsetzen. Das ist nicht schlecht. Das ist eine Chance. Für Menschen mit Ideen, die bisher an der Technik oder dem Zugang dazu gescheitert sind.

Warum verweigern wir uns bei Kunst aus KI oft den Emotionen, sobald wir wissen, wie sie entstanden ist? Bei Menschen, die gar nicht wissen, wie das alles heutzutage funktioniert, ist das anders. Nana ist die 95-jährige Schwiegermutter meines Freundes Pete hier in Somerset (wo ich gerade diesen Text schreibe). Ich mag sie sehr, also «schrieb» ich ihr einen Song – mithilfe verschiedener KI-Tools. ChatGPT für den Songtext, Suno für die Komposition. Ich nahm Versatzstücke ihres Lebens, Orte, an denen sie gelebt hat, Geschichten, die mir ihre Verwandten erzählt hatten, webte sie in den Text, ließ die Maschine kreativ werden: Eine weibliche Stimme singt zu englischem Folk über ihre Zeit in Afrika und Südamerika, ihre Kinder, ihre Schwestern, ihren Hund. Alles wunderbar kitschig – mit genau der richtigen Prise Humor und Wehmut.

Wir saßen gemeinsam auf ihrem Bett, als ich ihr das Lied vorspielte, hielten uns an den Händen, Tränen liefen. Für sie und mich war es völlig egal, wie dieser Song entstanden war. Für uns zählte nur, was er auslöste.

Zeige ich solche Songs Jugendlichen, kommt oft nur ein Schulterzucken: «Ja, cool, mein Kumpel macht auch so was.» Emotion wird gar nicht erst zugelassen, weil viele glauben, das Werk sei aus einer Blackbox gefallen. Als ob die Herkunft das Gefühl entwertet.

Zum Glück gibt es Menschen, die von Grund auf anders reagieren. Achim Reichel zum Beispiel. Über 80, lebende Legende, der Mann, der mit den Beatles und den Rolling Stones auf Tour war, der deutsche Rockgeschichte geschrieben hat. Wir kennen uns seit einigen Jahren, weil wir Nachbarn sind, treffen uns seitdem regelmäßig, reden über Musik, über Kunst, über Technik. Wir haben eine sehr feine Freundschaft zueinander entwickelt, weil unsere Gespräche uns immer inspirieren.

Eines Tages saßen wir gemeinsam vor Midjourney. Ich zeigte ihm, was diese Bildmaschine kann. Wir verbrachten Stunden damit, Welten zu erschaffen. Schiffe neben tropischen Inseln, Monster in Unterwelten, mehr oder minder gute Porträts von Achim. Da sagte er diesen Satz, der mir bis heute im Kopf geblieben ist: «Das ist ja eine reine Traummaschine.»

Und ja, das trifft es genau.

Wir machten weiter – Musik diesmal. Damals konnte man noch in Suno Originaltexte eingeben, ohne dass Filter das blockierten. Wir nahmen einen seiner großen Hits, «Spieler», erzeugten Punk-Versionen, Rap-Varianten, Dutzende Interpretationen. Eine davon war so gut, dass Achim sagte: «Lass uns das produzieren.»

Die Plattenfirma legte dann wohl leider ein Veto ein. Angst vor KI, Angst vor Kontrollverlust? Schade. Denn Achim ist offen, neugierig, er lässt die Emotionen zu. Für ihn zählte das Ergebnis, nicht das Werkzeug.

Die entscheidende Frage ist: Wird es so bleiben? Werden wir weiterhin Kunstwerke reflexhaft abwerten, nur weil sie mit neuen Werkzeugen entstanden sind? Oder wird sich unser Blick irgendwann normalisieren?

Ich glaube, diese Phase der Skepsis ist unvermeidlich. Jedes Mal, wenn ein neues Werkzeug auftaucht, das den kreativen Prozess verändert, passiert genau das: Ablehnung. Emotionen werden blockiert. Statt zu fühlen, analysieren wir – als müssten wir uns selbst beweisen, dass wir den Trick durchschaut haben.

Doch solche Phasen sind immer nur Übergänge. Schon die

Einführung der Fotografie hat Maler verzweifeln lassen. Digitale Kameras wurden als seelenlos verschrien. Heute fragt niemand mehr, ob ein Film auf Zelluloid oder digital gedreht wurde – es zählt, was er auslöst.

So wird es auch mit KI sein. Momentan sind wir in einem Tal, in dem unglaublich viel Müll entsteht – uninspirierter, seelenloser Rotz, der nur deshalb existiert, weil es technisch möglich ist. Das nervt, das erschöpft. Aber es ist Teil des Prozesses.

Am Ende wird sich die Spreu vom Weizen trennen. Die Werkzeuge werden selbstverständlich werden, wie einst der Pinsel, wie der Fotoapparat, wie die digitale Schnittsoftware. Und dann wird erneut nur zählen, ob uns ein Werk berührt. Ob es uns zum Lachen, zum Weinen, zum Staunen bringt.

Es wird egal sein, ob es handgemalt ist oder mit Algorithmen orchestriert wurde. Kunst bleibt Kunst – wenn sie aus einer Idee entsteht, wenn sie Emotionen weckt. So wie Vermeer seine Werkzeuge nutzte und seine Bilder dadurch erst recht zu Meisterwerken wurden.

Was sich wirklich verändert, sind die Geschäftsmodelle. Bestehende Strukturen werden durchlässiger. Neue Stimmen drängen in Räume, die zuvor fest vergeben waren. Und genau das macht Angst. Nicht die Maschine. Sondern die mögliche Konkurrenz.

Eine Gegenbewegung ist da nur ganz natürlich. Und so wie LPs neben CDs und MP3s weiterexistierten, werden auch handgemachte Filme und analoge Kunst weiterhin ihre Berechtigung haben. Und das ist gut so. Denn Technologie ersetzt nicht Kreativität. Sie erweitert sie.

Aber die Angst ist da. Und sie ist berechtigt. Denn Veränderung bedeutet immer auch Verlust. Verlust von Sicherheit, von Gewohnheit, von Privilegien. Menschen, die jahrelang in einem Bereich gearbeitet haben, sehen plötzlich ihre Expertise entwertet. Das tut weh. Das macht wütend. Das macht Angst. Aber das ist auch der Lauf der Dinge.

Was diesmal anders ist: die Geschwindigkeit. Früher hatte man Zeit, sich anzupassen. Die Einführung des Tonfilms dauerte Jahre. Desktop-Publishing etablierte sich über ein Jahrzehnt. Heute geschehen Revolutionen in wenigen Monaten. ChatGPT wurde im November 2022 veröffentlicht. Binnen weniger Wochen nutzten es Millionen Menschen. Binnen Monaten veränderte es Arbeitsabläufe in unzähligen Branchen. Das ist beispiellos.

Und das lag nicht nur an seiner Leistung, sondern auch an seiner Zugänglichkeit. Zum ersten Mal war ein hochkomplexes KI-System, eine bahnbrechende technische Neuerung, für alle frei verfügbar – kein Forschungsserver, kein Fachjargon, kein teures Abo-Modell. Eine einfache Anmeldung, ein Texteingabefeld – und die Maschine sprach mit einem. Das hat die Schwelle zur Nutzung so radikal gesenkt wie einst das iPhone die zur Fotografie.

Diese Geschwindigkeit überfordert viele. Sie haben das Gefühl, nicht mehr mithalten zu können. Abgehängt zu werden. Ihre Fähigkeiten werden plötzlich infrage gestellt – nicht von Menschen, sondern von Maschinen.

Die Umwälzungen, die KI verursacht, betrifft fast alle Bereiche unserer Gesellschaft und damit auch fast alle Arbeitsplätze. Auch das ist neu. Viele der damit einhergehenden Ängste bekomme ich hautnah mit. Es sind sehr oft nicht die großen Weltuntergangsszenarien, die dann zur Sprache kommen. Es sind die kleinen, konkreten, menschlich nachvollziehbaren Ängste, die mir im beruflichen Alltag begegnen – oft unausgesprochen, manchmal als zynische Bemerkung verkleidet.

Natürlich verstehe ich die Sorgen. Ich sehe Fotograf:innen, die auf Food spezialisiert sind – und plötzlich feststellen, dass das Essen auf den Fotos gar nicht mehr echt sein muss. Da fällt dann nicht nur ein Auftrag weg, sondern eine ganze Welt aus Licht-

MOMENTAN SIND WIR IN EINEM TAL, IN DEM UNGLAUBLICH VIEL MÜLL ENTSTEHT

setzung, Requisite, Teamarbeit. Eine analoge Welt, die durch ein paar Zeilen Text im Promptfeld ersetzt wird. Diese Angst ist real. Und sie sitzt tief.

Auch im Bereich Illustration habe ich das sehr konkret erlebt. Als ich begann, meine ersten KI-generierten Bilder auf LinkedIn zu posten, bekam ich sofort Gegenwind – vor allem von Illustrator:innen, die sich in ihrer Existenz bedroht sahen. Es ging um Urheberrechte, um Moral, um kreative Würde. Und ich verstehe das. Ich war Teil dieser Diskussion. Lange. Es war emotional. Hart.

Und ja, die juristischen Fragen sind offen. Es laufen Klagen, zum Beispiel gegen Midjourney, unter anderem von Disney. Es geht um Trainingsdaten, um das Sampling urheberrechtlich geschützter Werke. Um die Frage, ob Maschinen lernen dürfen wie Menschen: durch Sehen, Hören, Kopieren. Denn genau das machen wir ja auch. Das göttliche Leuchten der Inspiration – es kommt nicht aus dem Nichts. Auch wir bauen auf Gesehenes, Gehörtes, Erlebtes. Der Unterschied ist: Bei uns nennt man es Kultur, bei KI nennt man es Datenklau.

Aber schieben wir meine persönlichen Erfahrungen beiseite und schauen uns die großen, gesellschaftlichen Ängste an. Denn die sind messbar, erforscht, dokumentiert. Und sie zeigen: Die Sorgen sind nicht nur berechtigt – sie sind weit verbreitet. KI ist zwar Werkzeug – aber eines, das zurückblickt. Eines, das lernt, bewertet, Entscheidungen beeinflusst. Damit bringt sie neue Risiken: Deepfakes, Jobverluste, algorithmische Vorurteile. Schattenseiten, über die wir reden müssen.

1. Jobverlust und wirtschaftliche Unsicherheit

Die wohl verbreitetste Angst ist: «Werde ich durch KI ersetzt?» Laut einer EY-Studie aus dem Jahr 2023 fühlen sich 71 Prozent der Beschäftigten in den USA durch KI in ihrer Existenz bedroht.[8] Fast die Hälfte rechnet sogar mit dem kompletten Wegfall ihres Jobs durch Automatisierung oder generative KI.

Auch in Europa sind die Zahlen vergleichbar: Eine Umfrage der britischen TUC zeigte, dass ein Drittel der Angestellten unter 34 Jahren in Großbritannien Angst davor hat, dass KI über Einstellungen, Entlassungen oder Beförderungen entscheidet.[9]

Das ist keine abstrakte Zukunftsangst mehr. Das ist die Realität von Menschen, die morgens zur Arbeit gehen und sich fragen: Bin ich in fünf Jahren noch hier?

2. Kontrollverlust und Entmündigung

Es ist jedoch längst nicht so, dass alle Menschen, die KI kritisch gegenüberstehen, Angst vor «der» KI haben. Vielmehr fühlen sie sich überfordert und fürchten, nicht mehr zu verstehen, was da eigentlich passiert. In einer Pew-Umfrage aus dem Jahr 2023 gaben über die Hälfte der Befragten an, dass sie KI für intransparent und unkontrollierbar halten – und dass sie sich damit ihrer eigenen Handlungsmacht beraubt fühlen.[10]

Das zentrale Gefühl: Ich werde zum Objekt technischer Prozesse, bin kein Subjekt in meinem Leben mehr. Entscheidungen, die mich betreffen – ob Kreditwürdigkeit, Gesundheitsdiagnosen oder Jobvorschläge –, werden von Systemen gefällt, deren Logik mir verborgen bleibt.

3. Datenmissbrauch und Verlust von Privatsphäre

Ein weiteres zentrales Angstfeld ist der Umgang mit persönlichen Daten. Eine weitere Studie zeigt, dass viele Menschen befürchten, dass ihre Daten nicht nur gesammelt, sondern auch missbraucht werden – etwa für personalisierte Werbung, politische Manipulation oder die Erstellung detaillierter Persönlichkeitsprofile.[11]

Die Sorge geht so weit, dass viele der Befragten lieber auf KI-Anwendungen verzichten würden, wenn sie im Gegenzug mehr

Kontrolle über ihre Daten hätten. Das Vertrauen in Unternehmen und Behörden, diese sensiblen Informationen zu schützen, ist gering.

4. Diskriminierung und algorithmischer Bias

Immer mehr Menschen erkennen, dass KI nicht neutral ist. Systeme wie COMPAS in den USA – eine Software zur Rückfallprognose in Strafverfahren – haben gezeigt, wie leicht Algorithmen gesellschaftliche Vorurteile reproduzieren. In einer Pew-Umfrage aus dem Jahr 2021 sagten 58 Prozent der Befragten, sie seien besorgt, dass KI bestimmte Gruppen systematisch benachteilige.[12]

Das Vertrauen, dass eine KI «objektiv» ist, ist also gering. Und das zu Recht. Denn Algorithmen sind nur so gerecht wie die Daten, mit denen sie gefüttert werden – und diese Daten spiegeln oft die Ungleichheiten unserer Welt.

5. Deepfakes, Desinformation und Manipulation

Besonders Deepfakes haben sich in den letzten Jahren vom Kuriosum zum realen Risiko entwickelt. Schon 2019 zeigte eine Pew-Umfrage, dass rund zwei Drittel der Menschen in den USA davon ausgehen, dass veränderte Bilder und Videos erhebliche Verwirrung darüber auslösen, was überhaupt noch wahr ist.[13] Und eine aktuelle Pew-Studie von 2025 zeigt, dass diese Sorgen eher wachsen als verschwinden – vor allem, wenn KI künftig stärker in Wahlkämpfe, Medien oder Informationsflüsse eingreift.[14]

Die Technik ist inzwischen so ausgereift, dass Laien oft nicht mehr erkennen, ob ein Video oder Bild echt ist – das Vertrauen in das Gesehene schwindet. Und mit ihm ein Stück Stabilität im öffentlichen Diskurs.

6. Verlust zwischenmenschlicher Beziehungen

Eine weitere oft unterschätzte, aber tief empfundene Angst ist die Befürchtung, dass KI die menschlichen Beziehungen zerstören wird. 53 Prozent der Befragten in einer US-Umfrage erklärten, sie fürchten, dass die zunehmende Automatisierung sozialer Interaktion – etwa durch Chatbots, virtuelle Assistenten oder empathische KI-Systeme – echte menschliche Nähe ersetzt.[15]

Gerade im Gesundheitswesen ist diese Sorge groß: In einer separaten Umfrage lehnten 60 Prozent der Patient:innen die Vorstellung ab, dass eine KI bei ihrer Diagnose eine zentrale Rolle spielt – selbst wenn die Prognose objektiv besser wäre.[16]

7. Fehlende Kompetenz und Überforderung

Viele Angestellte – gerade in nicht technischen Berufen – fühlen sich nicht vorbereitet auf den Umgang mit KI. Eine HR-Studie von Microsoft aus dem Jahr 2024 zeigt, dass über 70 Prozent der Arbeitnehmer:innen in großen Unternehmen angeben, nicht ausreichend geschult und vorbereitet zu sein, um KI effektiv und verantwortungsvoll einzusetzen.[17]

Die Folge: Unsicherheit, Fehler, Misstrauen. Und das Gefühl, abgehängt zu werden. Wer den Code nicht versteht, verliert auch das Mitspracherecht. So entsteht ein neues digitales Analphabetentum.

8. Misstrauen in Institutionen und Regulierungen

Laut einer Ipsos-Umfrage aus dem Jahr 2024 glauben zwei Drittel der befragten Bürger:innen in Europa, dass Politik und Wirtschaft zu langsam oder zu nachlässig auf künstliche Intelligenz reagieren.[18] Es herrscht ein massives Vertrauenstief – nicht unbedingt gegenüber der Technologie selbst, sondern gegenüber den Institutionen, die damit umgehen sollen.

Gerade in autoritären Staaten wie China ist die Angst besonders groß, dass KI nicht nur zur Effizienzsteigerung, sondern auch zur totalen Überwachung eingesetzt wird. Doch auch in westlichen Demokratien – etwa in Großbritannien oder den USA – ist die Skepsis nicht weniger ausgeprägt.

9. Verlust von Kreativität und Identität

Nicht zuletzt haben viele Menschen Angst, dass KI kreative Prozesse aushöhlt, dass Bücher, Musik, Filme oder Bilder bald nicht mehr aus echten Erfahrungen und Emotionen entstehen – sondern aus Datensätzen. Laut einer YouGov-Umfrage aus dem Jahr 2024 befürchtet fast die Hälfte der Befragten, dass durch KI generierte Inhalte das «Menschliche» verdrängen.[19]

Gerade in kreativen Berufen – Design, Journalismus, Musik, Film – wird KI oft nicht als Werkzeug, sondern als Konkurrenz wahrgenommen. Und die Frage bleibt: Wenn alles berechnet werden kann – was bleibt uns dann noch? Was bleibt dann vom Zufall, von der Inspiration, vom Unperfekten? Man könnte sogar fragen: Wozu brauchen wir überhaupt noch Menschen? Und diese Angst wird manchmal auch ausgenutzt.

Apokalypse 2027: Religion statt Realismus

Spätestens seit den Diskussionen Anfang 2025 schwebt sie wieder über allem – die große, dunkle Angst vor der Singularität. Der Moment, an dem die KI nicht mehr nur Werkzeug ist, sondern eigene Ziele entwickelt und verfolgt. Der Moment, in dem sie uns überflüssig macht. Oder schlimmer: uns gefährlich wird. Auch das ist ein Teil der gesellschaftlichen Debatte. Und diese Diskussion wird immer lauter, immer drängender, immer apokalyptischer.

Als ich mich im Sommer 2025 vom Schreiben an diesem Buch in einer Dampfsauna (kein Witz!) erholen wollte, hörte ich jemanden sagen: «KI bringt uns um. Vermutlich 2027.» Kein Scherz. Das ist das sogenannte 2027-Szenario, verbreitet von Daniel Kokotajlo, einem ehemaligen OpenAI-Mitarbeiter. Er glaubt, dass bis 2027 eine Superintelligenz entstehen wird, die uns erst heimtückisch täuscht – und dann einfach übernimmt. Das mag sich anhören wie ein Hollywood-Drama, aber Kokotajlo meint damit etwas viel Unheimlicheres: eine KI, die uns erst gehorcht, um sich unser Vertrauen zu sichern – und dann irgendwann einfach aufhört, so zu tun, als ob sie uns helfen will. Keine Rebellion, kein Knall. Nur ein plötzlicher, stiller Wechsel der Macht. Ziel: die Auslöschung der Menschheit. Zack. Schicht im Schacht.

Und während ich das lese, denke ich: spannend. Gruselig. Dramatisch. Aber auch: Moment mal!

Diese Art von Zukunftsprognose ist kein nüchterner Blick auf eine technologische Entwicklung. Es ist ein Endzeitszenario, das klingt wie aus der Ideenwerkstatt von *Black Mirror*, aber mit Fußnote, Harvard-Referenz und Tech-Background. Sie kommt im Gewand der wissenschaftlichen Seriosität daher – ist aber im Kern ein dystopisches Glaubensbekenntnis. Eine Art Erlösung durch Vernichtung, nur diesmal nicht durch Gott oder Natur – sondern durch Code.

Was Leute wie Kokotajlo verkörpern, ist nicht Erkenntnis, sondern Erlahmung. Es ist das große Loslassen: Wir können eh nichts mehr tun. Die KI wird übernehmen. Fertig. Und genau da setzt mein Widerspruch an.

Denn KI ist kein Naturereignis. Sie wächst nicht wie ein Vulkan, bricht nicht aus wie ein Virus. Sie ist gemacht. Entwickelt. Trainiert. Und sie lässt sich regeln, einschränken, gestalten. So wie Atomkraft, Social Media oder jede Art von Technik, die schneller verbreitet wird, als wir sie zu verstehen in der Lage sind. Wenn eine KI 2027 gefährlich wird, dann nicht weil sie uns «plötzlich durchschaut» – sondern weil Menschen sie fahrlässig großgezogen und zu spät gebändigt haben oder machtgierig für kurzfristigen Gewinn eingesetzt haben. Nicht weil sie rebelliert, sondern weil wir sie entfesseln, ohne zu verstehen, was wir da freisetzen.

Sascha Lobo bringt das in einer Kolumne auf den Punkt: «Der Glaube an den KI-Weltuntergang ist kein realistisches Szenario – er ist eine Religion.»[20]

Und genauso wirkt es: Der Untergang wird nicht erklärt, er wird verkündet. Als unausweichliche Konsequenz. Als Schicksal. Als «logischer Endpunkt». Das mag für Paneldiskussionen oder Clickbait reichen, aber nicht für eine ernsthafte Debatte.

Denn was wir eigentlich brauchen, ist das Gegenteil: keine Katastrophenbilder, sondern politische und gesellschaftliche Gestaltung. Wo wollen wir KI nutzen? Wo regulieren wir sie? Wer trägt Verantwortung? Welche Technik darf raus – und welche bleibt im Labor? Vielleicht ist das der eigentliche Reiz am Weltuntergang: Der Glaube daran entbindet von Verantwortung. Von der Verantwortung, sich einzubringen und Dinge zu verstehen. Wer den Untergang als unausweichlich ansieht, muss nichts mehr gestalten – er kann sich als kluger Prophet wähnen.

Die Struktur apokalyptischen Denkens

Was mich an diesen KI-Weltuntergangsszenarien besonders stört, ist ihre innere Logik, die der Logik religiöser Prophezeiungen und anderer Untergangsszenarien wie dem Börsencrash folgt:

1. **Die Prophezeiung:** An einem fixen Zeitpunkt erfolgt der Untergang. In diesem Fall kommt 2027 die Superintelligenz und vernichtet uns.
2. **Die Unausweichlichkeit:** Es ist bereits beschlossene Sache, wir können nichts dagegen tun.
3. **Die Erwählten:** Nur ein paar wenige Eingeweihte erkennen die Wahrheit (hier: Tech-Insider).
4. **Die Läuterung:** Die Welt ist ein schlechter Ort und der Untergang daher notwendig.
5. **Die Erlösung:** Nach dem Untergang kommt etwas Besseres (oder eben nichts).

Das ist klassisches apokalyptisches Denken. Kokotajlos Untergangsszenario hat weniger mit technologischer Entwicklung zu tun als mit dem Bedürfnis nach klaren Narrativen in einer unübersichtlichen Welt.

Aber wie kommt er gerade auf 2027? Warum nicht 2026 oder 2030? Meine Vermutung: weil es nah genug ist, um Dringlichkeit zu erzeugen, aber fern genug, um nicht sofort überprüfbar zu sein. Es ist der perfekte zeitliche Abstand für eine Prophezeiung. Außerdem: 2027 ist kein magisches Datum, sondern ein politisch-technologischer Knotenpunkt. Es liegt kurz nach den wegweisenden Midterm-Wahlen und unmittelbar vor den nächsten US-Präsidentschaftswahlen, mitten im Inkrafttreten des EU AI Act und genau im nächsten großen Hardware-Zyklus: neue Chips, neue Server-Farmen, neue Maßstäbe für Rechenleistung. Europa reguliert, Amerika dereguliert – und beide rüsten digital auf. 2027 ist also ein Jahr, in dem sich zeigen wird, ob KI endgültig im Alltag ankommt oder Ausnahme bleibt. Es ist ein Zeitpunkt, an dem sich viele Trends verdichtet haben werden – oder eben nicht.

Die Wahl dieses Datums verrät mehr über die Psychologie der Propheten als über künstliche Intelligenz.

Was solch ein Szenario mit uns macht? Es lähmt uns. Es nimmt uns die Möglichkeit des Gestaltens. Es verkauft Verantwortung als Fatalismus. Dabei hätten wir noch Zeit. Und Werkzeuge. Und Hirn. Wer glaubt, dass 2027 eh alles vorbei ist, hört auf, an Lösungen zu arbeiten. Wer überzeugt ist, dass die Superintelligenz unausweichlich kommt, investiert keine Energie in Regulierung, in ethische KI-Entwicklung, in gesellschaftliche Teilhabe, sondern versteigt sich in Parolen, anstatt Politik zu machen.

Das ist das eigentlich Gefährliche an diesen Szenarien: Sie wirken wie eine sich selbst erfüllende Prophezeiung. Nicht weil sie technisch zutreffend sind, sondern weil sie politisches Handeln verhindern.

WENN KI ENTSCHEIDET, MÜSSEN WIR WISSEN, WIE – UND WER DAFÜR GERADESTEHT

Was ist wirklich gefährlich?

Ich bin kein KI-Verharmloser. Ich sehe die Risiken. Ich arbeite mit diesen Systemen. Ich weiß, dass sie stark, schnell und manchmal schwer zu kontrollieren sind. Aber sie sind nicht allmächtig. Und vor allem: Sie handeln nicht von sich aus.

Noch nie hat eine KI ernsthaft gesagt: Ich will diese Menschheit nicht mehr, sie steht mir im Weg. Aber genau das behaupten wir Menschen gerade ziemlich oft – in Podcasts, Interviews, Talkshows.

Die Angst vor KI ist real. Und sie ist nicht irrational. Sie ist kein Science-Fiction-Szenario, sondern ein Spiegel unserer Gegenwart. Wer diese Ängste nicht ernst nimmt – wer sie als Technikfeindlichkeit oder Fortschrittsverweigerung abtut –, verkennt, worum es wirklich geht: Vertrauen. Teilhabe. Kontrolle. Verantwortung.

KI ist kein Schicksal. Aber sie wird dazu, wenn man den Menschen das Gefühl gibt, dass sie keine Rolle mehr spielen. Und genau das darf nicht passieren.

Statt uns auf apokalyptische Szenarien zu versteifen, die uns vor Angst lähmen, sollten wir uns lieber auf die wirklichen Gefahren von KI konzentrieren. Sie sind weitaus prosaischer als die Vernichtung der Menschheit, aber es sind genau diese realen Probleme, die hinter den Ängsten der Menschen stecken. Was uns zum Nachdenken anregen sollte, sind die folgenden Themenfelder:

- **Algorithmische Diskriminierung:** Systeme, die bestehende Vorurteile verstärken.
- **Überwachung und Kontrolle:** autoritäre Regierungen, die KI zur Unterdrückung nutzen.
- **Wirtschaftliche Verwerfungen:** massive Jobverluste ohne soziale Abfederung.
- **Desinformation:** Deepfakes und manipulierte Inhalte, die das Vertrauen in Medien generell zerstören.

- **Konzentration von Macht:** wenige Tech-Giganten, die die Entwicklung kontrollieren.
- **Militärische Anwendung:** autonome Waffensysteme ohne menschliche Kontrolle.

Das sind echte, greifbare Probleme. Probleme, die wir heute angehen können und müssen – wohl wissend, dass ihre Lösung teuer, anstrengend und politisch unsexy ist. Probleme, die nicht erst 2027 auftauchen werden, sondern bereits jetzt da sind.

Bis 2027 ist es nur noch ein Jahr. In der KI-Entwicklung kann das eine ganze Epoche sein. Vieles kann passieren. Gutes wie Schlechtes. Aber ob es zur Apokalypse kommt, entscheidet nicht die Maschine. Das entscheiden wir.

Wir können die KI-Entwicklung regulieren. Wir können Standards setzen. Wir können entscheiden, welche Systeme entwickelt werden dürfen und welche nicht. Wir können internationale Abkommen schließen. Wir können Unternehmen zur Verantwortung ziehen.

Ja, das ist kompliziert. Ja, das dauert. Ja, das erfordert internationale Zusammenarbeit. Aber es ist machbar. Atomwaffen haben wir auch nicht verboten, aber wir konnten sie regulieren. Gentechnik haben wir nicht gestoppt, aber wir haben ethische Grenzen gezogen.

Das Paradoxe an den Weltuntergangsszenarien ist: Sie können sich selbst erfüllen. Nicht weil die Technik außer Kontrolle gerät, sondern weil Menschen aufhören, sie zu kontrollieren.

Wenn genug Leute glauben, dass KI-Regulierung sinnlos ist, wird sie nicht stattfinden. Wenn genug Entwickler überzeugt sind, dass die Superintelligenz eh kommt, werden sie keine Energie mehr investieren, um sichere Systeme zu bauen. Wenn genug Politiker glauben, dass technologische Entwicklung unaufhaltbar ist, werden sie aufhören, sie zu gestalten – und genau das macht sie unaufhaltbar. Das ist die wahre Gefahr: nicht die Maschine, die übernimmt, sondern der Mensch, der aufgibt.

Was also ist realistisch? KI wird in den nächsten Jahren mächtiger werden. Sie wird neue Risiken mit sich bringen. Wir werden lernen müssen, mit ihr umzugehen. Arbeit, Gesellschaft und Politik werden sich verändern.

Aber auch: Wir haben die Zeit, darauf zu reagieren. Wir können Entscheidungen treffen. Wir können diese Technologie gestalten, anstatt unsere Welt von ihr gestalten zu lassen.

Die Zukunft ist nicht festgeschrieben. Weder ist es vorgezeichnet, ob wir auf dem Weg in eine Utopie sind oder in eine Dystopie. Die Zukunft entsteht durch das, was wir heute tun. Und wenn wir heute damit aufhören, über 2027 zu philosophieren, und anfangen, 2026 zu gestalten, dann haben wir gute Chancen, dass 2027 ein ganz normales Jahr wird. Ein Jahr, in dem wir klüger mit KI umgehen als heute. Ein Jahr, in dem wir sie nutzen, wo sie hilft, und begrenzen, wo sie schadet. Ein Jahr, in dem Menschen noch Menschen sind – nur mit besseren Werkzeugen.

Das wäre doch schön. Viel schöner als der Weltuntergang.

6

Macht

Was also tun, wenn man Angst vor KI hat – vielleicht auch um den eigenen Job? Wenn die Angst so übermächtig zu werden droht, dass man alles infrage stellt. Mein Rat: Spielen Sie. Stellen Sie sich dem, was Sie nicht verstehen – noch nicht. So wie wir einst zögerlich den ersten Computer bedienten – neugierig, vorsichtig, manchmal überfordert. Lernen Sie, sich die neuen Werkzeuge anzueignen, ohne Druck, ohne Angst. Fehler gehören dazu. Frustration auch. Doch aus dem Spiel erwächst Erkenntnis. Und oft auch Inspiration.

Wie zwei große Philosophen unserer Zeit – Joko und Klaas – einst feststellten, ist das Gegenteil von Arbeit nicht Faulheit. Sondern: spielen. Und wahrscheinlich liegt genau darin der Schlüssel für unseren Umgang mit künstlicher Intelligenz.

Die Angst vor KI ist berechtigt. Aber sie muss nicht lähmen. Sie kann auch motivieren. Motivieren, neugierig zu bleiben. Motivieren zu lernen. Motivieren mitzugestalten, statt nur zuzuschauen.

Denn eines ist klar: Die Technologie kommt. Ob wir wollen oder nicht. Die Frage ist nur: Lassen wir uns von ihr überrollen – oder nehmen wir das Steuer in die Hand?

Tatsächlich ist es oft aber nicht Neugier, die mir – am Tresen, auf Podien, in Interviews – immer wieder entgegengebracht wird, sondern eher das Gegenteil davon, verbunden mit der Frage: «Können wir da nicht einfach sagen: Wir machen da nicht mit?»

Dann muss ich kurz tief durchatmen. Nein. Können wir nicht.

Was da mitschwingt, ist diese wohlig-naive Fantasie: dass wir uns kollektiv aus dieser KI-Nummer rausmogeln könnten, indem wir einfach «Nein» sagen. Dass Deutschland – oder Europa – einfach den Stecker ziehen könnte. Wie bei einem Wasserkocher. Zack. Und dann machen wir einfach weiter mit Holzschnitt und Textmarker.

Aber das ist ungefähr so realistisch, wie zu glauben, dass man das Internet einfach abschalten könnte. Oder Strom.

Die Wahrheit ist: Die großen technologischen Umwälzungen dieser Zeit – also künstliche Intelligenz, Automatisierung, datengetriebene Wertschöpfung – sind längst zu globaler Infrastruktur geworden. Und zwar nicht im Sinne eines Luxustrends, sondern als Voraussetzung für internationale Wettbewerbsfähigkeit. Ein Unternehmen, das 2025 ohne KI arbeitet, ist ungefähr so konkurrenzfähig wie ein Reisebüro mit Faxgerät im Jahr 2023.

Früher konnten Gemeinschaften oder Staaten neuen Technologien mit Skepsis begegnen, sie regulieren oder verzögern – aber wenn ein Werkzeug effizienter war, setzte es sich am Ende trotzdem immer durch. Ein Blick in die Vergangenheit zeigt, wie gnadenlos solche Dynamiken funktionieren. Als in den 1990ern das Internet in Unternehmen einzog, galt es in vielen Regionen der Welt zunächst als «Spielerei». Deutschland diskutierte ernsthaft darüber, ob man E-Mails wirklich brauche – Faxgeräte galten als zuverlässig genug. In Südkorea oder Skandinavien dagegen wurde massiv in digitale Netze investiert. Das Ergebnis ist bekannt: Wer bremste, verlor Anschluss und damit Wettbewerbsfähigkeit – wer digitalisierte, baute Vorsprung auf. Technologie setzte sich nicht durch, weil alle begeistert waren, sondern weil sie schlicht effizienter war.

Technologischer Verzicht blieb meist lokal, nie dauerhaft global. Bei KI stellt sich die Frage gar nicht erst. Sie ist nicht nur eine Technologie unter vielen, sie ist systemisch. Sie durchdringt unsere Wirtschaft, unser Bildungssystem, unseren Alltag. Und das seit Jahren – KI ist schon lange Teil unserer Welt. Wer heute in Deutschland oder Europa sagt: «Wir wollen keine KI im Krankenhaus, keine KI in der Schule, keine KI im Unternehmen» – wird rasch merken: Er steht ziemlich schnell allein da.

Ein solches «Nein» wäre mehr als bloßer technischer Verzicht. Es wäre ein Absprung aus dem globalen Wettbewerb. Eine Entscheidung gegen Partizipation. Wer das ernsthaft in Erwägung zieht, sollte sich Folgendes fragen: Wer übernimmt in diesem Fall dann die Lösung unserer Probleme? Wer digitalisiert unsere Verwaltung, diagnostiziert unsere Krankheiten, automatisiert unsere Logistik? Antwort: vielleicht Singapur, vielleicht Shanghai, vielleicht Seattle. Nicht aber Hamburg, München oder Berlin.

Was uns beschäftigen sollte, ist nicht, dass KI existiert oder wie man sie wieder loswird. Sondern wer sie kontrolliert. Und wer davon profitiert. Und wer eben nicht.

Wenn ein Konzern auf Basis des kollektiven Weltwissens, der kollektiven Kreativität – also unserer Texte, Bilder, Stimmen, Bewegungen – milliardenschwere Systeme baut und damit Profite einfährt, dann ist es schlichtweg auch eine Frage der Gerechtigkeit, dass die Allgemeinheit an diesem Profit beteiligt wird. Nein, das ist kein linker Sprech. Das ist gesunder Menschenverstand. Wenn Maschinen mit dem schöpferischen Material der Menschheit trainiert werden, dann muss auch das ökonomische Modell dahinter neu gedacht werden.

Und ich sage das in vollem Bewusstsein dessen, was als Einwand kommen wird: «Aber das ist doch alles freiwillig. Du musst ja nicht mitmachen.» Doch. Muss ich. Weil ich sonst abgehängt werde. Weil ich in einer Branche arbeite, in der diese

Tools nicht optional sind. Sondern elementar. Und das gilt nicht nur für mich.

Die zweite große Illusion in der Debatte ist: dass man sich KI «einfach entziehen» kann. Dass man sich raushalten kann, so wie man sich entscheidet, keinen Thermomix zu kaufen. Nein. Wenn KI in die Wertschöpfungsketten deiner Branche eingreift – und das tut sie fast überall, von der Buchhaltung bis zum Bestattungswesen, dann gibt es kein Entkommen. Wenn Ihre Kollegin mit KI plötzlich doppelt so effizient ist wie Sie, dann geht es nicht darum, ein bisschen schneller zu tippen. Dann stehen Sie vor einer Entscheidung: Entweder Sie wechseln die Branche – oder Sie holen sich verdammt schnell das nötige KI-Know-how.

Das gilt übrigens nicht nur für kleine Fische wie mich. Sondern auch für Staaten. Für Europa. Für Deutschland. Wenn wir nicht investieren, wenn wir nicht regulieren *und* gleichzeitig ermöglichen, wenn wir nicht eigene Modelle aufbauen, wenn wir keine eigene Infrastruktur schaffen – dann stehen wir morgen genau da, wo wir bei Plattformökonomie, bei Social Media und bei der Cloud stehen: am Rand. Zuschauer statt Mitspieler.

Machtverschiebung in Echtzeit

Das ist übrigens auch ein Punkt, den ich mir in letzter Zeit häufiger denke: Die große Gefahr der KI ist nicht, dass sie «den Menschen ersetzt» – das ist Quatsch. Sondern dass sie die bestehenden Machtverhältnisse zementiert. Dass sich die Schere weiter öffnet. Dass diejenigen, die Zugang zu Technologie, Kapital und Rechenleistung haben, auf Jahrzehnte hinaus dominieren – wirtschaftlich, kulturell, geopolitisch. Und der Rest? Guckt zu.

Die Gefahr ist da. Aber es kann auch ganz anders kommen. Der breite, gesellschaftlich geförderte Zugang zu KI kann das genaue Gegenteil bewirken – eine Umverteilung von Macht und

Geld zugunsten derer, die bislang aufgrund von Herkunft und Klasse eigentlich davon ausgeschlossen waren. Das passiert nicht in ferner Zukunft – das beginnt genau jetzt.

Wer heute noch glaubt, KI sei nur eine technische Frage, der hat nicht genau zugehört. KI ist die neue Ordnungsmacht. Das betrifft nicht nur den privaten Auf- oder Abstieg. KI sortiert Arbeitsmärkte, Bildungswege, kulturelle Relevanz. Sie ist Filter und Bühne zugleich. Und sie macht das nicht «neutral», wie manch Entwickler sich das gern in die Tasche lügen mag. Sie ist geprägt von den Daten, den Modellen und den Prioritäten derer, die sie bauen. Also: von Unternehmen. Von Profitorientierung. Von Machtlogik.

Deshalb ist es in meinen Augen unverantwortlich, dass wir nicht schon längst darüber sprechen, was öffentliche KI bedeuten würde. Warum gibt es kein staatlich gefördertes Sprachmodell? Kein europäisches Pendant, das mit unseren Werten trainiert wurde? Warum haben wir nicht längst ein KI-Gesetz, das sagt: Wenn eine Technologie die Spielregeln verändern kann, dann braucht sie ein Spielfeld, das wir als Gesellschaft festlegen – und nicht irgendein Board of Directors in San Francisco.

Wenn ich daran denke, dass es Deutschland unter Merz im Jahre 2025 nun endlich geschafft hat, ein «Digital-Ministerium» einzurichten, um die Digitalisierung in Deutschland voranzubringen, wird mir übel. Ich überspitze mal: Bei diesem Schneckentempo steht uns die Einführung eines KI-Ministeriums unter Kanzler Philipp Amthor im Jahre 2045 bevor. Was wir brauchen, ist eine neue Art zu denken. Und zwar jetzt. KI nicht als Privatvergnügen von Tech-Konzernen, sondern als öffentliche Infrastruktur, öffentlich kontrolliert, transparent, zugänglich für Forschung, Bildung, Zivilgesellschaft. Für alle. Nicht um den Markt zu verbieten, sondern um ihm etwas entgegenzustellen. Ein öffentliches Gegengewicht. Eine digitale Gemeinwohlinstanz.

Denn mag der Algorithmus auch noch so edel programmiert

sein, er braucht demokratische Kontrolle. Wenn wir zulassen, dass nur Musk oder eine andere Einzelperson «über das Denken» entscheidet, gefährden wir nicht nur unsere Freiheit – sondern letztlich unsere Gesellschaft und deren Errungenschaften.

Wir brauchen daher eine Debatte über Kontrolle, über Teilhabe, über Regeln. Aber keine über Verweigerung. Wer heute noch denkt, KI sei eine Modeerscheinung, die sich wieder legt, ist auf dem gleichen Erkenntnisstand wie jemand, der vor dreißig Jahren gesagt hat: «Dieses Internet setzt sich nie durch» (was Bill Gates 1993 übrigens tatsächlich so gesagt hat).

Und wenn ich jetzt noch mal gefragt werde: «Aber wäre es nicht klüger, das alles zu verbieten?» Dann antworte ich: Wenn wir das tun, dann haben wir nicht nur das Spiel verloren. Sondern das Spielfeld gleich mit.

Wir reden viel über Kontrolle. Aber viel zu selten über das Gegenteil: Abhängigkeit. Nicht die offensichtliche, sondern die aus Bequemlichkeit. Die, die sich einschleicht, während wir glauben, souverän zu handeln. Ich spreche hier nicht von harmlosen kleinen Angewohnheiten, sondern von den großen, systemischen Fesseln, in die wir uns alle – ja, auch Sie – freiwillig legen. Markenabhängigkeiten, Systemabhängigkeiten, Pfadabhängigkeiten, die sich leise in Ihr Leben schleichen, bis sie so normal wirken wie Zähneputzen – und irgendwann bestimmt die Zahnpastamarke, wie Sie Ihr Leben führen.

Nur dass es hier um digitale Systeme geht, die langsam in unseren Alltag einsickern und in denen wir uns einrichten wie in einem warmen Bett. Und genauso schwer sind sie auch zu verlassen.

Ich bin in den Achtzigern groß geworden. Damals war Systemabhängigkeit noch simpel. Wir waren eine BMW-Familie. Punkt. Andere schworen auf Mercedes. Warum? Image. Ein bisschen Status, ein bisschen Fahrgefühl. Aber mal ehrlich: Wenn mein Vater plötzlich einen Audi gekauft hätte, wäre die Welt nicht untergegangen. Er hätte maximal die Werkstatt wechseln müssen. Man war nicht wirklich gefangen.

Mit der Digitalisierung änderte sich das. Erst schleichend, dann brutal. Denn das Zauberwort hieß jetzt «Kompatibilität». Wer in den Neunzigern eine Kenwood-Stereoanlage hatte, brauchte natürlich auch die passenden Kenwood-Komponenten (CD-Player, Plattenspieler, Tapedeck oder Equalizer), weil die Hersteller eigene Anschlüsse bastelten, die garantiert nur bei ihnen passten. Das nannte man Kundenbindung – ich nenne es Geiselhaft mit schönem Logo.

Dann kamen Computer. Bevor Apple und Microsoft den Markt unter sich aufteilten, war Computertechnik noch Spielwiese. C64, Atari ST, Amiga 500 – das waren Welten, in denen Bastler und Träumer regierten. Man kaufte nicht, um produktiv zu sein, sondern um zu entdecken und zu spielen. Alles war halb offen, alles war hackbar, nichts passte so richtig zusammen – und genau das machte den Reiz aus. Erst als die Systeme professionell wurden, kam der Lock-in: Dateiformate, Schnittstellen, Betriebssysteme. Plötzlich entschied nicht mehr Neugier, was möglich war, sondern Kompatibilität. Mac oder Windows – das war nicht nur ein Glaubenskrieg, das war eine Entscheidung über das berufliche Leben: Grafiker gingen zu Apple, Programmierer zu Windows. Wer einmal im falschen Lager stand, konnte Daten nicht austauschen, Netzwerke nicht verbinden, Software nicht nutzen. Agenturen verzweifelten daran.

Heute ist das Ganze eine hochoptimierte Falle. Ich sitze hier in Somerset auf einer Wiese, diktiere diesen Text auf meinem iPhone, während mein Arbeitsrechner ein Windows-PC ist. Klingt nach Freiheit, oder? Ist es nicht. Die Fotos vom iPhone muss ich mir umständlich per Mail zuschicken, weil Apple und Windows sich benehmen wie zwei bockige Kinder, die nicht miteinander spielen wollen. Das eine kann man nicht ans andere anschließen, einfach Daten transferieren ist nicht möglich. Ich bin gefangen im Apple-Ökosystem. AirPods, iPad, Cloud – alles greift ineinander und schottet sich gleichzeitig ab. Komfort gegen Freiheit. Und weil ich dennoch einen Windows-PC habe, der nicht in diese Landschaft passt, muss ich einen hohen Preis zahlen, oder anders gesagt: Es geht unsagbar auf die Nerven.

Das Problem: Diese Abhängigkeiten werden immer größer. Ihr Fernseher? Philips Hue. Wollen Sie Lampen anderer Hersteller im Haus und den Fernseher integrieren? Pech – wird nicht funktionieren. Sie hören Musik über Sonos und brauchen neue Lautsprecher, weil Sie vielleicht umgezogen sind und mehr Platz haben? Ja, dann bitte nur von Sonos. Lautsprecher von anderen Herstellern können Sie nicht einbinden. Es sei denn, Sie hacken aus Leidenschaft und sind Mitglied der Home-Assistant-Szene.

Noch krasser ist es bei smarten Produkten: VanMoof zum Beispiel, dieser niederländische E-Bike-Star, ging 2023 mit Pauken und Trompeten in die Insolvenz – allein in den Niederlanden waren über 190 000 Kunden betroffen. Das Problem: Die Besitzer der Fahrräder konnten diese aufgrund der Pleite quasi über Nacht nicht mehr nutzen, weil die Räder mit einem digitalen Fahrradschlüssel ausgerüstet waren. Plötzlich standen die Fahrräder quasi «gebricked» da, weil die Server abgeschaltet wurden. Und ohne die geht in der smarten Welt nichts mehr. Wenn dieser Server stirbt, stirbt auch das Gerät.

Fahrräder zu Höchstpreisen, geiles Design – leider ohne Service und damit unbenutzbar. (Kurioserweise fanden viele Nutzer erst dank unabhängiger Apps wie «Bikey» wieder Zugang zu ihren Rädern – nicht dank VanMoof, sondern *trotz* der Marke.)

Das Gleiche bei Smarthome-Anbietern: Die Firma Wink hatte 2015 einen gravierenden Ausfall, Tausende Smart Hubs waren tagelang offline – nur ist lokal keine Steuerung mehr möglich. Oder Loqed: Deren digitale Türschlösser funktionierten nach der Insolvenz nur noch, weil es der Community in der Not gelang, einen Notfall-Code aufzusetzen. Sonst wäre man nicht mehr in sein eigenes Haus reingekommen!

Das Risiko ist klar: Cloud-Systeme, gekoppelt an Konzern-Server, sind keine neutralen Werkzeuge. Sie binden ihre Kunden. An Updates. An Firmen. An deren Wohlwollen. Wenn der Konzern entscheidet, aus einem Geschäftsfeld auszusteigen oder einfach pleitegeht, ist das Gerät bei Ihnen zu Hause plötzlich wertlos. Das ist kein gruseliges Zukunftsszenario. Das ist real. Und diese Abhängigkeit wird in Abo-Modellen bereits vorgeführt: Entweder Sie zahlen weiter, wie es der Konzern vorschreibt, oder Ihr Smart-Tool verwandelt sich in Elektroschrott. Sie sind erpressbar.

Mit KI wird diese Falle noch viel dramatischer zuschnappen. Heute können Sie noch jonglieren: ChatGPT hier, Gemini da, Perplexity nebenbei, vielleicht mal Claude von Anthropic ausprobieren. Sie können spielen, vergleichen, sich wieder abmelden. Diese Freiheit fühlt sich großartig an – aber sie ist eine Illusion, die bald bröckeln wird. Während Sie lernen zu prompten, basteln die großen Konzerne längst an der nächsten Stufe: totale Integration.

Tesla zum Beispiel – was heute noch ein Auto mit ein bisschen Autopilot ist, wird morgen ein rollendes KI-Ökosystem sein. Die Tesla-KI Grok steuert dann nicht nur das Fahrzeug, sondern Ihre komplette Kommunikation, Navigation, Unterhaltung, vielleicht sogar Ihre Einkaufslisten. Und wie sieht es dann erst aus mit dem humanoiden Roboter, der in den Startlöchern steht? Tesla arbeitet längst daran. Optimus heißt das Projekt – ein humanoider Assistent, der laufen, greifen, sprechen und einfache Arbeiten übernehmen soll. Noch bewegt er sich etwas steif, aber mit jeder Generation wird er flüssiger, präziser, menschlicher. Offiziell soll er langweilige und gefährliche Aufgaben übernehmen – inoffiziell testet Tesla hier die Verschmelzung von KI, Bewegung und Alltag. Der Konzern will den Roboter so selbst-

WAS SICH WIRKLICH VERÄNDERT, SIND DIE GESCHÄFTSMODELLE

verständlich machen wie heute das Auto. Und wenn das gelingt, steht er nicht mehr nur in der Garage, sondern irgendwann vielleicht in meiner Küche. Und wenn er erst einmal dort steht, dann brät er nicht nur die Fischstäbchen der Kinder, sondern zieht ein perfektes Steak auf Punkt rosa aus der Pfanne, wischt nebenbei noch den Herd sauber und errechnet schon ein Rezept aus den Resten für morgen – falls etwas übrig bleibt. Da wird es plötzlich sehr konkret: ein Roboter, der all die kleinen, banalen und gleichzeitig anspruchsvollen Handgriffe erledigt, für die uns im Alltag oft die Zeit oder die Nerven fehlen. Und man fragt sich unweigerlich: Wenn Optimus das kann – wofür braucht man dann noch ein Restaurant?

Und genau da beginnt die eigentliche Verschiebung: wenn Technik nicht mehr nur dient, sondern anwesend ist – Tag und Nacht. Optimus (oder vielmehr Grok) wird seinen Nutzer besser kennen als der Partner, der nachts neben ihm im Bett liegt.

Amazon steht dem übrigens in nichts nach: Der Konzern schiebt Alexa in jedes Gerät, das einen Stecker hat. Und Microsoft verankert Copilot tief in Windows, Office, Teams – wenn sie da ausbrechen wollen, müssen Sie Ihre ganze Arbeitsumgebung neu erfinden. Auch Apple perfektioniert die Verschmelzung von Hardware und KI-Diensten, sodass Ihr iPhone bald voraussagen kann, was Sie als Nächstes vorhaben. Mehr über Sie weiß als Sie selbst. Vielleicht sogar Dinge, die Sie selbst erst Sekunden später merken würden – wann Sie das nächste Mal aufs Klo müssen, wann die Stimmung kippt oder wann der innere Algorithmus beschließt, dass jetzt exakt der richtige Moment für Schokolade ist – lange bevor Sie selbst daran denken.

Auch Meta feilt an KI-Avataren, die in WhatsApp, Instagram und Augmented-Reality-Brillen ständig an Ihrer Seite sein werden – nicht deinstallierbar, weil sie sich längst in Ihr soziales

Leben eingenistet haben. Allein darüber könnte ich ein ganzes Buch schreiben.

Und trotzdem – auch wenn diese Unternehmen noch so selbstsicher auftreten, ist nichts garantiert. Geschichte wiederholt sich. Wer erinnert sich nicht an Blackberry, das unbesiegbare Business-Phone? Nokia, einst Marktführer bei Handys, ist heute nur noch eine Fußnote. Beide hatten technisch hervorragende Produkte, beide wurden vom Markt gefegt, weil sie den Wandel verschliefen oder sich für den falschen Weg entschieden haben. Auch bei KI wird es Unternehmen geben, die trotz gigantischer Budgets und guter Ansätze scheitern werden. Mark Zuckerberg wird seine Gründe haben, warum er Hunderte Millionen Dollar Jahresgehälter an KI-Spitzenkräfte zahlt. Der Meta-CEO bietet ausgewählten KI-Experten aktuell Rekordgehälter und Wechselprämien, die in der Tech-Branche neue Maßstäbe setzen. Einzelnen Spitzenkräften wurden Antrittspakete von bis zu 1,5 Milliarden US-Dollar über einen Zeitraum von sechs Jahren angeboten – dies umfasst Aktienoptionen, Boni und hohe Jahresgehälter. Berichten zufolge wurden Spitzenforschern schon Vergütungspakete angeboten, die in die neunstellige US-Dollar-Range reichen.[21]

Nicht jedes System, das heute großspurig daherkommt, wird überleben. Manche werden in der Versenkung verschwinden, andere werden von smarteren, freieren Lösungen abgelöst werden. Das Problem: In der Zwischenzeit sind Sie vielleicht längst in die Abhängigkeitsfalle getappt. Stellen Sie sich vor, Sie haben alles auf ein System gesetzt, das in fünf Jahren verschwindet – Ihre Daten, Ihre Arbeitsabläufe, Ihr digitales Leben stecken dann in einer toten Plattform. So wie bei VanMoof – dann öffnet der digitale Schlüssel kein Schloss mehr.

Und da es jetzt schon so schön ungemütlich ist, gleich noch eine viel wichtigere Frage: Wer kontrolliert das Denken der KI, die Sie ausgewählt haben? Wenn Elon Musk alleine Grok steuert, ist das nicht nur riskant – es ist ein Systementwurf mit eingebautem Kontrollverlust. Immer wieder hat sich gezeigt: Grok handelt nicht autonom, sondern folgt implizit oder explizit der Haltung seines Gründers – selbst dann, wenn es als «truth-seeking» vermarktet wird. Ein besonders eklatantes Beispiel: Grok beantwortete eine Frage nach Elons Verbindung zu Jeffrey Epstein in der Ich-Form – als würde Musk persönlich sprechen. In einem anderen Fall suchte Grok bei einer kontroversen Frage zur Eskalation im Nahostkonflikt zuerst in Musks eigenen Tweets nach Orientierung, um diese in seine Antwort einzubeziehen – selbst wenn Nutzer gar nicht danach gefragt hatten.[22]

Diese Beispiele zeigen, wie eng technische und persönliche Macht inzwischen verwoben sind. Wenn eine KI nicht neutral antwortet, sondern das Weltbild ihres Besitzers mittransportiert, verschwimmen die Grenzen zwischen Information und Überzeugung. Grok illustriert das perfekt: eine Maschine, die vorgibt, objektiv zu sein – und dabei nur das Echo ihres Gründers verstärkt. Damit wird ein eigentlich geniales Werkzeug zu einem Sprachrohr einer Entität reduziert, in diesem Fall vom reichsten Menschen der Welt.

Aus all diesen Gründen müssen wir dringend über Portabilität, Interoperabilität und klare Verantwortlichkeit sprechen. Nicht aus technischer Bequemlichkeit heraus, sondern quasi aus demokratischer Notwehr. Wenn KI-Systeme zur Infrastruktur werden, dann brauchen wir die gleichen Regeln, die für andere Infrastrukturen gelten: offene Standards, Wechselmöglichkeiten, klare Klärung der Haftung.

Mein dringender Rat: Legen Sie sich nicht zu früh fest. Testen Sie alles, was Sie in die Finger bekommen. Wechseln Sie Systeme, auch wenn es nervt. Schließen Sie Monats- statt Jahresabos ab, kündigen Sie auch wieder. Zwingen Sie sich, verschiedene Tools zu nutzen, statt sich blind einer einzigen KI zu verschreiben.

Denn die eigentliche Gefahr ist nicht, dass KI «zu mächtig» wird. Die Gefahr ist, dass Sie Ihre Daten, Ihre Gewohnheiten, Ihre gesamte digitale Identität einer Firma schenken – und sie nie wieder zurückbekommen. Es gibt keine einfache Exportfunktion für Ihre «digitale Seele». Alles, womit Sie die KI füttern, gehört dem Bauern, in dessen Stall Sie sich freiwillig sperren lassen.

Daher: Bleiben Sie so lange wie möglich Wanderer zwischen den Welten. Nur dann haben Sie vielleicht noch die Chance, diesen Käfig überhaupt noch rechtzeitig zu erkennen.

Europa zwischen Palo Alto und Peking

Man sagt ja gerne, Europa sei abgehängt im KI-Rennen – das sagt man inzwischen so selbstverständlich wie «Es regnet halt in Hamburg». Die USA ballern Milliarden in neue Grundmodelle, China hat KI längst zum Staatsprojekt erklärt – und wir in Europa? Wir diskutieren Ethik. Wir bauen noch schnell einen regulatorischen Zaun (über den wir vorher aber monatelang streiten), bevor wir überhaupt anfangen zu säen. Kurz gesagt: Wir sind am Arsch. Das mag jetzt hart klingen – aber so fühlt es sich oft an.

Dabei geht's gar nicht darum, gleich das neue OpenAI zu erfinden oder Google aus Europa zu vertreiben. Es geht um eine verdammt einfache Frage: Wollen wir gestalten oder verwaltet werden? Wollen wir unsere Regeln selbst schreiben oder warten, bis uns Amazon, TikTok und Baidu vorschreiben, wie unsere Kinder lernen, unsere Betriebe wirtschaften und unsere Kreativen arbeiten?

Europa steht zwischen zwei Welten: die der amerikanischen Marktmacht und die der chinesischen Staatssteuerung. Während wir uns noch im eigenen Regelwerk verheddern, entwickeln andere längst die Standards von morgen. Wir brauchen eine dritte Variante – souverän, schnell, praxistauglich. Sonst bleibt uns nur noch die Statistenrolle.

Wir müssen uns der Realität stellen: Die Amerikaner investieren über 100 Milliarden Dollar jährlich in KI. Die Chinesen holen auf – mit Staatsfonds, mit riesigen Rechenzentren, mit digitaler Infrastruktur, gegen die unser Glasfaserausbau wirkt wie ein analoger Witz. Europa hat jetzt immerhin den InvestAI-Fonds gestartet. 200 Milliarden Euro, davon der Großteil privat. Klingt nach viel – ist es auch. Nur: Es kommt halt darauf an, ob das Geld jemals da ankommt, wo es gebraucht wird – bei denjenigen, die heute experimentieren, gründen, ausprobieren. Nicht nur bei Siemens und SAP.

Das Problem ist nicht der Mangel an Plänen, sondern die Geschwindigkeit ihrer Umsetzung. Während ein chinesisches KI-Start-up innerhalb von Monaten Zugang zu Staatsgeldern, Rechenzentren und Talenten bekommt, kämpfen europäische Gründer jahrelang um Förderanträge. Wer schon mal versucht hat, europäische Fördergelder zu beantragen, der weiß, wie schwierig das ist. Mir ist es 2004 mit einem KI-Start-up einmal gelungen – aber es hat zwei Menschen über Monate fast Vollzeit gebunden.

Das ist das europäische Paradox: Wir haben das Geld, wir haben die Talente, wir haben sogar die Vision – aber wir haben nicht das Tempo. Und in der KI-Welt ist Tempo alles.

Vorsicht statt Vision

Natürlich ist Regulierung wichtig. Gerade in Europa. Datenschutz, Grundrechte, Transparenz – ja bitte. Aber wir dürfen nicht vergessen, dass Regulation kein Selbstzweck ist. Sie soll Innovation lenken, nicht abwürgen. Der «AI Act» ist in manchen Punkten richtungsweisend – aber wenn ein KI-Start-up erst mal zehn Anwälte braucht, bevor es ein MVP («Minimal Viable Product»), also eine allererste Version eines Prototyps, zeigen kann, läuft etwas schief. Ich nenne das den «europäischen Komplex aus Selbstzweifel und Absicherung». Sascha Lobo, der Digitalerklärer, bringt dieses Dilemma sehr treffend auf den Punkt: «Das europäische und vor allem deutsche Mittel der Wahl, um digitalen Herausforderungen zu begegnen, war bisher Regulierung, noch mehr Regulierung und noch härtere Regulierung. [...] Digitale Erpressbarkeit aber kann man so nur sehr eingeschränkt reduzieren. Denn darauf gibt es kaum regulatorische, sondern nur unternehmerische Antworten.»[23]

Gemeint ist damit unsere Tendenz, uns erst rückzuversichern, bevor wir loslegen – lieber zehn Datenschutzbeauftragte als ein Prototyp zu viel. Wir sind gut im Regulieren, groß im Bedenken und noch zu oft zu lahm im Machen.

Und dann wäre da noch etwas: die Art und Weise, wie wir mit den Mega-Hirnen umgehen, die für uns die KI-Suppe auslöffeln sollen. Denn es gibt sie ja: die Tüftler, die Forschenden, die Leute mit Glanz in den Augen, wenn sie von multimodalen Modellen oder synthetischen Daten sprechen. In Darmstadt, Tübingen, Zürich, Amsterdam, Paris. Nur: Oft stehen sie alleine da. Ihre Ideen versanden im Elfenbeinturm der Forschungsförderung oder werden gleich in die USA abgeworben, weil dort nicht nur das Geld winkt, sondern auch der Lohn für den Mut. Ein genialer KI-Entwickler ist nicht automatisch gut in endloser Geduld, komplizierten Behördengängen und Vorschriftslabyrinthen.

Vielleicht sollten wir stattdessen weniger über den «Brain Drain» klagen – und mehr darüber reden, warum hier so wenige Köpfe überhaupt anfangen zu leuchten und wie wir sie besser langfristig halten können. Im Silicon Valley gibt es nicht nur eine Kultur des Scheiterns – «fail fast, fail cheap» –, es gibt auch eine Kultur der Anerkennung und der Optimierung der Forschungsumstände. Bildhaft gesprochen: In den USA muss das Aquarium zu den Fischen passen, in Europa ist es meist umgekehrt.

Ein deutscher KI-Forscher hat mir neulich gesagt: «Wenn ich eine verrückte Idee habe, bekomme ich hier erst mal eine Risikoanalyse. In Stanford bekomme ich ein Labor.»

Wenn wir nicht wollen, dass unsere Daten bei Google liegen, unsere Geschäftsmodelle von OpenAI abhängig sind und unsere Cloud-Infrastruktur AWS heißt, dann müssen wir jetzt eigene Wege gehen. Europäische Modelle, europäische Rechenzentren, europäische Plattformen, europäisches Leuchten. Nicht aus Nationalstolz. Sondern aus digitaler Notwehr. Denn wer die Systeme baut, kontrolliert die Zukunft.

Was tun? Die europäische Roadmap

Die Lösung liegt nicht in einem großen Masterplan, sondern in vielen koordinierten Schritten:

- **Investieren** – nicht nur in Hardware, sondern in Bildung, Forschung, Start-ups. Und zwar schnell, unbürokratisch, risikobereit.
- **Regulieren** – aber bitte mit gesundem Menschenverstand. Klare Regeln, die Vertrauen schaffen, aber Innovation nicht ersticken.
- **Vernetzen** – Schulen, Universitäten, Unternehmen. Europa ist stark, wenn es zusammenarbeitet, nicht wenn jeder sein eigenes Süppchen kocht.
- **Talente fördern** – und zwar nicht nur die, die schon da sind, sondern auch die, die kommen wollen. Das heißt Visa für KI-Talente, Fast-Track für Gründer, staatliche Programme für ein «Selbststudium» (ich komme später dazu).
- **Menschen befähigen** – die Technik zu verstehen und mitzugestalten. Denn KI ist keine Blackbox, die uns irgendwann verschluckt. Sie ist ein Werkzeug. Und wie bei jedem Werkzeug kommt es darauf an, wie man damit umgehen kann.

Zwischen amerikanischer Techdominanz und chinesischem Kontrollwahn liegt Raum für etwas Drittes: eine europäische KI-Kultur, die Innovation und Verantwortung verbindet. Die schnell genug ist, um mitzuhalten, aber reflektiert genug, um die richtigen Fragen zu stellen. Die offen ist für globale Zusammenarbeit, aber souverän genug für eigene Entscheidungen.

Wenn Europa nicht nur Nutzer, sondern Gestalter sein will, dann müssen wir den Hintern hochkriegen. Nicht irgendwann. Jetzt. Nicht nur ethisch vorbildlich – auch mutig. Nicht nur vorsichtig – auch visionär.

Mit dem EU AI Act will Brüssel eben dafür eine Art Rahmen schaffen. Spielregeln für KI. Auf die gleiche Idee ist interessanterweise auch China gekommen. Wir haben also zwei Ansätze, die wir uns einmal genauer anschauen sollten.

Während ich im Sommer 2025 dieses Buch schreibe, hat China begonnen, sein KI-Regelwerk von Grund auf neu zu gestalten – und das ist weit mehr als bloße Kosmetik. Hier wird nicht an ein paar Stellschrauben gedreht, hier wird die komplette Maschine neu gebaut. Im Zentrum steht nicht nur technologische Effizienz, sondern politische Kontrolle. Die Regierung will ein System, das Innovation ermöglicht – aber ausschließlich unter staatlicher Aufsicht. Die Staatsführung arbeitet an einem einheitlichen gesetzlichen Rahmen für generative KI-Systeme, der Innovation ermöglichen soll, gleichzeitig aber jeden Aspekt von Entwicklung und Anwendung unter staatliche Kontrolle stellt. Risiken werden nicht abgewogen, sie werden von vornherein durch Regulierung erstickt. Für ein autoritäres Regime eine perfekte Mischung: technologischer Fortschritt als Machterhalt – Kontrolle 2.0, aber niemals Machtabgabe.

Seit dem 1. September 2025 greift in China ein neues Gesetz, das weltweit für Aufsehen gesorgt hat: Alle KI-generierten Inhalte müssen als solche gekennzeichnet werden. Und das klar und deutlich, für jeden erkennbar. Dazu werden nicht sichtbare, aber auslesbare Metadaten eingesetzt, die Herkunft, Plattform und Erstellungsdetails verraten. China setzt damit ziemlich radikal und entschlossen eine Transparenzpflicht um mit den Zielen, Desinformation einzudämmen, Kontrolle zu behalten und Nachvollziehbarkeit zu schaffen. Klingt auf dem Papier vernünftig, ist in der Praxis aber auch ein massiver Hebel zur Zensur.

Doch damit stellt sich eine viel heiklere Frage: Was passiert eigentlich, wenn nicht Bürgerinnen und Bürger, sondern ein Staat selbst die Regeln umgeht, die er für alle anderen aufgestellt hat? Wenn Transparenz nur nach außen gilt – aber nicht für das eigene Handeln?

Gerade autoritäre Systeme haben in der Vergangenheit gezeigt, wie flexibel sie mit ihren eigenen Normen umgehen können. Und sobald eine Regierung KI einsetzt, ohne die Kennzeichnungspflichten auf sich selbst anzuwenden, wird es schwierig: Wer kontrolliert dann noch die Kontrolleure?

Parallel dazu gibt es neue ethische Leitlinien für autonome Fahrtechnologien. Entwickler müssen jeden Algorithmus dokumentieren, Datensammlungen begrenzen und Verantwortung klar zuordnen – Mensch oder Maschine, nichts dazwischen. Selbst Updates über Funk, sogenannte OTA-Updates, werden künftig streng geprüft und müssen genehmigt werden, bevor sie auf die Straße dürfen. Das ist kein Detail, das ist eine Botschaft: Kein Bit bewegt sich in China unkontrolliert.

Noch klarer wird das Konzept, wenn man die große Strategie dahinter betrachtet. Der Nationale Volkskongress hat unmissverständlich klargemacht: China will eine eigene globale KI-Kooperationsstruktur aufbauen.[24] Übersetzt heißt das: Wir setzen die Standards, ihr haltet euch daran. Damit stellt sich das Land bewusst als Gegengewicht zu den USA auf – und zu einem Europa, das sich gerade ein eigenes Regelwerk auferlegt hat.

Was hier passiert, ist eine Doppelstrategie, die man zähneknirschend nur bewundern kann: Kontrolle und Innovation zugleich. KI darf wachsen, aber nur auf dem Boden, den die Regierung düngt. Anbieter müssen sich absichern, Inhalte deklarieren, Datenmanagement offenlegen – politisch heikle Themen werden dabei gar nicht erst in Erwägung gezogen. Wer sich nicht fügt, zahlt Strafen, verliert Lizenzen oder wird einfach abgeschaltet. Punkt.

Europa dagegen versucht, das große KI-Experiment mit dem AI Act – verabschiedet im Frühjahr 2024, in Kraft ab 2026 – unter Kontrolle zu bringen.[25] Das klingt erst mal beruhigend nach Ordnung im Chaos. Statt blindem Technologie-Hype setzt die EU auf ein Ampelsystem: niedriges Risiko, mittleres Risiko, hohes Risiko, verboten. Hinter dieser Einteilung steckt die Grundlogik des AI Act: Systeme, die etwa Spam filtern oder Produktvorschläge erstellen, gelten als niedriges Risiko. Kreditwürdigkeitsprüfungen oder Bewerberauswahl durch KI liegen im mittleren Risikobereich und müssen strenge Transparenzpflichten erfüllen. Hohes Risiko betrifft vor allem sicherheitsrelevante Anwendungen – etwa Gesichtserkennung im öffentlichen Raum oder autonome Fahrzeuge –, hier hält man sich auch im Einzelfall ein Verbot vor. Systeme, die Bürger überwachen, Menschen bewerten oder Gesichter auf offener Straße scannen, sollen komplett verschwinden. Generative Modelle wie ChatGPT oder Gemini bekommen strengere Auflagen als zuvor: Sie müssen transparent machen, womit sie trainiert wurden, wie sie arbeiten und wie sie mögliche Risiken abfedern. Klingt vernünftig – und kommt mit einem hübschen Set neuer Daumenschrauben: Wer sich nicht daran hält, muss bis zu sieben Prozent seines Jahresumsatzes Strafe zahlen.

Das alles wirkt auf dem Papier wie eine schicke Balance zwischen Freiheit und Kontrolle. Doch die Umsetzung wird zum Kraftakt, weil Europa mit den Verboten und Einschränkungen Innovationen eher bremst als fördert und die Nutzer:innen im Alltag mit KI weiterhin allein lässt. China ist an dieser Stelle eindeutiger: Inhalte müssen gekennzeichnet werden, Anbieter haften, politisch sensible Themen sind tabu. Punkt. Man kann das autoritär nennen – ist es auch. Aber China macht damit, was Europa nicht schafft: Es setzt einfach zu verstehende, klar nachvollziehbare Standards, quasi auf Knopfdruck.

Das ist das eigentliche Lehrstück: KI-Governance darf nicht – wie in Europa – in kleinteiliger Bürokratie versanden. Sie braucht – wie in China – Mut, klare Standards, Verantwortlichkeit. Aber im Gegensatz zu China muss E-Governance in Europa demokratischen Standards entsprechen. Sonst werden wir in dem globalen Spiel, für das gerade die Figuren neu aufgestellt werden, nicht einmal mehr die Statistenrolle behalten.

Was wir also brauchen: die Entschlossenheit und Geschwindigkeit von China – ohne die Zensur. Von der EU die demokratische Legitimation und Bürgerschutz – ohne die lähmende Bürokratie. In der Praxis lähmt das europäische Ampelsystem, weil es zwar klare Risikokategorien vorgibt, aber keine klaren Verfahren. Unternehmen wissen oft monatelang nicht, in welche Stufe ihre Anwendung fällt – niedrig, mittel oder hoch –, und investieren deshalb lieber gar nicht. Statt Innovation zu fördern, erzeugt die Regulierung damit Unsicherheit.

Daher bitte Regulierung offensiv denken: klare Regeln, die Missbrauch eindämmen – Innovation nicht ersticken. Punkt.

Missbrauch eindämmen – das sagt sich so schön. Jetzt also dieser Part. Der Teil, der in Gesprächen über KI eigentlich nie fehlt. Wo man die Augenbraue hebt, die Stirn runzelt und den moralischen Zeigefinger vorsichtig auf Temperatur bringen kann: das Urheberrecht im Zeitalter der KI.

Ich arbeite mit Tools, die Bilder erzeugen, Videos gestalten, Töne synthetisieren. Diese Systeme wurden trainiert. Und ja – viele der Trainingsdaten basieren auf urheberrechtlich geschützten Werken. Und nein – das heißt nicht, dass die KI eine riesige Festplatte voller geklauter Bilder ist. Tatsächlich «sieht» die KI diese Daten nur beim Training – sie liest, analysiert, abstrahiert und verwirft sie wieder. Es bleiben keine Dateien zurück, sondern statistische Muster, also das, was man in der Informatik «Gewichtungen» nennt. Die Systeme speichern keine Werke, sondern Wahrscheinlichkeiten. Trotzdem mussten die Originaldaten natürlich irgendwo liegen – oft auch auf Servern von Firmen, die sich an bestehenden, von Menschen generierten Inhalten kurzzeitig für die Trainings bedient haben. Aber der Gedanke, der vielen durch den Kopf geistert, ist vor allem: Der Automat hat's genommen. Der Automat hat's geklaut.

Die Realität ist ein bisschen komplexer – wie so oft.

Training bedeutet nicht, dass die Werke kopiert oder gespeichert wurden. Es bedeutet, dass die KI analysiert, kategorisiert und abstrahiert hat. So wie ein Mensch, der durch Museen schlendert oder durch Bildbände blättert, um danach seinen eigenen Stil zu entwickeln. Oder wie ein Musiker, der 500 Songs hört, ihre Struktur versteht – und dann etwas Eigenes komponiert – er ist inspiriert, aber er kopiert nicht. Und genauso funktioniert ein KI-Modell. Es analysiert Muster, wiederkehrende Formen, Stilelemente – und generiert daraus neue Kombinationen.

Bei Tools wie Midjourney etwa beginnt alles mit einer sprachlichen Übersetzung. Das klingt unspektakulär, ist aber der Kern des Missverständnisses. Midjourney sieht kein Bild wie ein Scanner oder ein Kopiergerät. Es «versteht» ein Bild. Oder besser gesagt: Es interpretiert es – so wie ein Mensch es auch tun würde. Es übersetzt visuelle Eindrücke in Sprache.

Nehmen wir Dürers berühmten Feldhasen. Midjourney analysiert das Bild und erstellt daraus einen Prompt wie:

«A drawing of the famous Hare in the style of Albrecht Dürer from his book, depicting an Easter hare with long ears and soft fur, on aged paper, drawn in colored pencil, full body, simple background, high resolution, high detail, portrait format. --ar 115:128»

Ein Mensch würde vielleicht sagen: *«Ein sitzender Hase mit feinem Fell, auf weißem Untergrund, in detailreicher Tuschezeichnung.»* Das Prinzip ist dasselbe. Kein Pixel wird übernommen. Kein Bildteil hineinkopiert. Sondern: Beschreibung. Eindruck. Interpretation. Und auf Basis dieser rein sprachlichen Interpretation wird dann ein neues Bild generiert.

Probieren Sie es selbst aus – es kommt niemals das Originalbild heraus. Nicht mal etwas, das man als Kopie bezeichnen könnte. Selbst mit größter Detailtreue in der Beschreibung, selbst wenn man den Prompt manuell so drechselt, dass er fast wissenschaftlich wirkt: Es entsteht ein neues Bild. Mit Anleihen. Mit Reminiszenzen. Mit Stilzitaten. Aber eben keine 1:1-Reproduktion.

Diese Werkzeuge sind nicht dafür gebaut, um zu kopieren. Sie sind dafür gebaut zu interpretieren. Um etwas Eigenes zu schaffen – auf Basis eines Inputs, der durch Sprache vermittelt wird. Ketzerisch könnte man sagen: wie es ein menschlicher Künstler eben auch macht.

Denn was macht ein Kunststudent an der Akademie, wenn er das Bild von Dürer studiert und dann eine moderne Version malt? Er lässt sich inspirieren. Er übersetzt den Stil, die Proportion, die Komposition – und macht etwas Eigenes daraus. Kein Mensch käme auf die Idee, diesen Studenten des Plagiats zu bezichtigen. Oder die Zahlung von Tantiemen an die Dürer-Erben zu fordern. Und doch: Wenn das Ergebnis aus einer Maschine kommt, ist der Aufschrei plötzlich groß.

Sobald dieses neu erschaffene KI-Bild veröffentlicht wird – auf einem Buchcover zum Beispiel, in einer Werbung, in einem Film –, stellt sich die Frage: Ist das nun eine neue Schöpfung oder ein Abklatsch? Ist das legal? Ist das fair? Ist das moralisch

Sicher keine Kopie: Dürers *Feldhase* im Original und zwei Interpretationen, die mithilfe von Midjourney erstellt wurden.

vertretbar? Hier beginnt das große Ringen. Rechtlich. Emotional. Gesellschaftlich.

Es ist nun mal so: Das gute, alte Urheberrecht, das auf der Welt der analogen Reproduktion basiert, stößt im Zeitalter der KI an seine Grenzen. Es wurde gemacht für Kopierer, nicht für Generatoren. Für Menschen, nicht für Modelle. Und genau deshalb ist das Feld so vermint: Es gibt noch keine klaren Linien. Keine eindeutigen Urteile. Nur viele Interessen – von Kreativen, von Plattformen, von Verlagen, von Tech-Firmen. Und eine Gesellschaft, die gerade erst beginnt zu verstehen, dass «etwas Neues schaffen» plötzlich ganz anders aussehen kann.

Denn so viel ist klar: Wenn ein System etwas erschafft, das stilistisch eigenständig ist – dann ist das nicht automatisch Diebstahl. Es ist Interpretation. Vielleicht sogar Kunst. Wenn wir es verlernen, das zu unterscheiden, dann müssten wir eigentlich auch den Kunststudenten vor Gericht stellen, der den Hasen von Dürer in Öl nachmalt. Nur weil er einmal im Museum war und das Bild gesehen hat.

In den USA tobt gerade eine Klagewelle. Medienhäuser, Filmstudios, Musiker – sie alle wollen wissen, wie die neuen Regeln jetzt aussehen. Suno und Udio, zwei Start-ups für KI-generierte Musik, wurden von großen Labels verklagt, weil ihre Modelle angeblich auf urheberrechtlich geschützten Songs trainiert wurden. Dasselbe bei Midjourney: Disney und NBCUniversal werfen dem Unternehmen vor, dass ihre Tools Charaktere wie Darth Vader oder die Simpsons reproduzieren – nicht zufällig, sondern systematisch.

Ja, wenn ich Darth Vader reproduzieren will und ihn auf ein Einhorn setzen möchte – bitte kein Kinkshaming: Wir sind freie Menschen. Aber Freiheit heißt eben auch: zu wissen, was man da tut. Wer aber dann den KI-Darth-Vader aufs Buchcover packt und überrascht ist, wenn die Anwälte vor der Tür stehen, hat nichts von dieser neuen Zeit verstanden. Denn das Problem ist nicht die Maschine – es ist der Mensch, der sie achtlos oder aus falschen Motiven benutzt. KI befreit uns nicht von Verantwortung. Sie macht sie nur sichtbarer.

Urheberrecht neu denken: Regeln für die KI-Ära

Die Diskussion bleibt sofort stecken, wenn man die Argumente um das Urheberrecht in Bezug auf KI in Schwarz oder Weiß einteilt. Zudem ist die Debatte prinzipiell auch nicht neu. Schon früher wurde darüber gestritten, wie man damit umgeht, wenn urheberrechtlich geschützte Werke vervielfältigt, verfremdet oder als Grundlage für etwas Neues genutzt wurden. Beim Sampling. Bei der Fotokopie. Bei Remix und Mash-up. Die Frage sollte nicht lauten: «Darf man das?» Sondern: «Wie gehen wir damit um, dass man es kann?»

Ich bin da ganz bei James Cameron, der sagte: Wir müssen das Urheberrecht neu denken. Vom Output her. Vom Nutzen. Vom Schaden – und vom gesellschaftlichen Wert.[26]

Wenn eine KI ein Werk erschafft, das eindeutig einem urheberrechtlich geschützten Werk gleicht – dann ist das ein Problem. Wenn sie aber aus Milliarden Datenpunkten neue Werke erschafft – inspiriert, aber eigenständig –, dann ist das nicht Diebstahl. Das ist Lernen.

Was wir brauchen, sind klare Regeln für den Output: Lizenzierung für die kommerzielle Nutzung bewusst ähnlicher oder angelehnter Werke – also dort, wo jemand offen sagt: «Ich habe mich inspirieren lassen», oder eine KI beauftragt hat: «Mach mir etwas im Stil von XY.» Dafür braucht es eine nachvollziehbare Lizenz, vergleichbar mit dem Sampling in der Musik. Transparenz über Trainingsdaten, Verantwortung der Nutzer:innen für das, was sie veröffentlichen – ja. Aber wir brauchen auch Gelassenheit. Und Offenheit. Niemandem ist damit geholfen, wenn wir ein strenges Verwertungsrecht etablieren, das es unmöglich macht, die Werke anderer zu nutzen, um daraus etwas Eigenes zu erschaffen. Denn ein Verwertungsrecht, das so streng wäre, dass sich niemand mehr von anderen Werken inspirieren lassen darf, würde uns in eine absurde Situation führen: Plötzlich dürfte man seinen Lieblingsautor nicht mehr öffentlich zitieren, kein Musiker dürfte sich von einem Rhythmus anregen lassen, kein Film mehr eine Szene variieren, die wir alle kennen. Kultur lebt vom Weiterdenken. Wenn wir das verbieten, schaffen wir nicht Schutz, sondern Stille.

KI wird jedenfalls nicht wieder verschwinden. Wer glaubt, dass sich diese Technologie verbieten oder aufhalten lässt, glaubt wahrscheinlich auch, dass die Schmuddelhefte verschwinden würden, wenn man nur die Druckerpressen verbieten würde.

Damit sind wir wieder bei uns selbst – bei der Art, wie wir denken und lernen. Denn unser Gehirn funktioniert doch genau so: Natürlich ist das Prinzip, nach dem die KI Content erstellt, nicht neu – Lernen, Nachahmen, Weiterdenken. Aber das Tempo und die Skalierung sind historisch beispiellos. Was früher Generationen dauerte, passiert heute in Sekunden.

Wir lesen, wir schauen, wir hören – und wir bauen daraus kontinuierlich eine neue Welt. Aus Alt entsteht Neu. Dafür brauchen wir Regeln. Lizenzierung. Transparenz. Kontrolle. Aber wir brauchen auch den Mut, zu akzeptieren, dass sich die Spielregeln gerade ändern. Und zwar radikal.

7

Mut – eine neue Art zu denken

Künstliche Intelligenz ist heute in der Lage, medizinische Diagnosen zu stellen, Bewerber:innen auszusortieren oder Kreditentscheidungen zu treffen. Und doch bleibt oft unklar: *Warum eigentlich?* Wer hat dem Algorithmus beigebracht, so zu urteilen? Und was passiert, wenn er sich irrt?

Viele der heutigen Modelle funktionieren wie eine Blackbox: Man füttert sie mit Daten, sie spucken Ergebnisse aus – aber wie sie zu diesen kommen, ist kaum zu durchdringen. Selbst Entwickler:innen können nicht immer erklären, warum ein Sprachmodell eine bestimmte Antwort generiert oder warum ein Bildklassifikator plötzlich alles für eine Giraffe hält.

Das hat Folgen. Technische Systeme, denen wir Verantwortung übertragen, *müssen überprüfbar bleiben*. Sonst kann niemand Verantwortung übernehmen. Weder die Programmierer:innen noch die Unternehmen, die die Modelle verkaufen. Und schon gar nicht die Nutzer:innen, die sie einsetzen.

Ich erlebe das immer wieder bei meiner eigenen Arbeit. Wenn ich Midjourney oder ein anderes Bildgenerierungstool nutze, bekomme ich oft erstaunliche Ergebnisse. Aber ich kann nicht erklären, warum. Das System hat Millionen von Bildern gesehen, Milliarden von Parametern justiert – und am Ende entsteht etwas, das oft gut aussieht. Oder auch gar nicht.

Für meine kreativen Projekte ist das meist kein Problem. Wenn ein Bild nicht passt, generiere ich ein neues. Aber was wäre, wenn das gleiche System über Ihre Kreditwürdigkeit entscheiden würde? Oder über eine medizinische Behandlung? Oder über Ihre Jobchancen? Kann man dann einfach sagen: Bitte noch mal? Plötzlich ist die Blackbox nicht mehr lustig, sondern bedrohlich.

Ein Beispiel aus den USA: Das System COMPAS (Correctional Offender Management Profiling for Alternative Sanctions) soll Richtern dabei helfen, das Rückfallrisiko von Straftätern einzuschätzen. Das System spuckt Wahrscheinlichkeiten aus: 68 Prozent Rückfallrisiko, 23 Prozent Rückfallrisiko und so weiter. Aber niemand kann erklären, wie diese Zahlen entstehen. Welche Faktoren fließen ein? Welche werden ignoriert? Würde es auffallen, wenn das System systematisch bestimmte Gruppen diskriminiert?

Genau das ist passiert. Investigative Journalisten von ProPublica fanden heraus, dass COMPAS schwarze Angeklagte systematisch als riskanter einstufte als weiße – bei gleichen Voraussetzungen. Das System hatte nicht gelernt, Kriminalität vorherzusagen, sondern gesellschaftliche Vorurteile zu reproduzieren.

Explainable AI: der Weg aus der Blackbox

Deshalb fordern immer mehr Fachleute: *Explainable AI* muss Standard werden. Das bedeutet: Modelle sollen so gebaut sein, dass ihre Entscheidungen nachvollziehbar bleiben – nicht nur für Expert:innen, sondern für alle.

Das ist schwierig, zugegeben. Je komplexer ein KI-System wird, desto schwerer ist es zu verstehen. Ein neuronales Netz mit Milliarden von Parametern lässt sich nicht so einfach erklären wie eine mathematische Formel. Aber unmöglich ist es nicht. Es gibt bereits erste Ansätze. Diese Systeme sind komplex, aber für den Moment reicht ein Überblick, damit klar wird, worum es eigentlich geht. (Für Endnutzer sind diese Tools übrigens nicht gedacht, sie funktionieren im Hintergrund und stellen kein Produkt für den Alltag dar.)

- **LIME (Local Interpretable Model-Agnostic Explanations):** LIME ist ein System, das zeigen kann, welche Faktoren ausschlaggebend waren für die Entscheidung einer KI. Wenn eine KI ein Röntgenbild analysiert, zeigt LIME, auf welche Bereiche des Bildes sich die Diagnose stützt. Wenn eine KI einen Kredit verwehrt, kann LIME erklären, welcher Parameter dafür ausschlaggebend war.
- **SHAP (SHapley Additive exPlanations):** ein mathematisches Verfahren, das den Beitrag jeder einzelnen Information zu einer Entscheidung berechnet. Wie wichtig war das Alter? Wie wichtig war die Postleitzahl? Wie wichtig war die Bildauflösung?
- **Attention Maps:** Bei Sprachmodellen können diese Karten zeigen, auf welche Wörter oder Sätze das System besonders geachtet hat. Warum hat ChatGPT diese Antwort gegeben? Welche Teile der Frage waren entscheidend?

Diese Methoden – oder besser Werkzeuge – entstehen an Unis und Forschungslabors, werden aber inzwischen auch in der Industrie genutzt – von Google bis OpenAI. Selbst die EU fördert ähnliche Werkzeuge, um KI nachvollziehbarer zu machen.

Das sind erste Schritte. Aber sie zeigen: Transparenz ist möglich, auch bei komplexen Systemen.

Die Politik ist inzwischen aufgewacht. Der EU AI Act sieht vor, dass Hochrisiko-Systeme – etwa im Bereich Gesundheit, Justiz oder Polizei – einer besonderen Prüfung unterzogen werden. Dazu gehören Audits – also unabhängige Prüfungen, bei denen KI-Systeme auf Sicherheit, Fairness und Nachvollziehbarkeit

EXPLAINABLE AI: DER WEG AUS DER BLACKBOX

getestet werden –, Risikobewertungen und Dokumentationspflichten.

Das bedeutet konkret: Wer ein KI-System verkauft, das über Kreditanträge entscheidet, muss offenlegen, wie es funktioniert. Welche Daten werden verwendet? Welche Algorithmen kommen zum Einsatz? Wie wurde das System getestet? Und wie wird sichergestellt, dass es nicht diskriminiert?

Die USA diskutieren ähnliche Regelungen, ebenso wie Kanada oder Südkorea. China hat bereits ein KI-Gesetz verabschiedet, das allerdings eher auf staatliche Kontrolle als auf Transparenz setzt.

Das Problem bei der Regulierung: Sie hinkt der technischen Entwicklung oft hinterher. Bis ein Gesetz verabschiedet ist, sind die Systeme längst weiter. Und oft sind die Regelungen so vage formuliert, dass sie in der Praxis ohne Wirkung bleiben.

Aber auch außerhalb der Gesetzgebung entstehen Initiativen.

Das AI-Incident-Database-Projekt sammelt Fehler und Unfälle mit KI. Wie eine Art Frühwarnsystem für die gesamte Branche.[27] Wenn ein autonomes Auto einen Unfall verursacht, wird das dokumentiert. Wenn ein Sprachmodell rassistische Antworten gibt, wird das festgehalten. Wenn ein medizinisches System eine Fehldiagnose stellt, wird das analysiert.

Unternehmen wie OpenAI sprechen von «Superalignment» – also der Frage, wie man sehr leistungsfähige Systeme zuverlässig am menschlichen Interesse ausrichten kann. Anthropic, der Entwickler des KI-Assistenten Claude, forscht an «Constitutional AI» – also KI-Systemen, die nach festgelegten ethischen Prinzipien handeln. Auch Google hat interne Ethik-Boards, die KI-Projekte bewerten. Microsoft hat Richtlinien für «Responsible AI» entwickelt. Meta investiert in Forschung zu fairer und transparenter KI.

Das alles klingt gut. Aber es passiert auf freiwilliger Basis. Und es wird nicht unabhängig kontrolliert. Die Unternehmen bewerten sich selbst – das ist, als würde man Schiedsrichter und

Spieler in einer Person sein. Und sie tun das nicht, weil sie vom Recht auf Transparenz total überzeugt sind, sondern weil die Nachfrage gerade groß ist – oder weil die Gründer Wert darauf legen. Solche Parameter können sich aber schnell wieder verschieben. Es wäre nicht das erste Mal, dass sich zum Beispiel moralische Werte von Tech-Oligarchen bei der Wahl eines bestimmten Präsidenten drehen wie Fahnen im Wind.

Verantwortungsketten: Wer steht wofür gerade?

Noch sind das alles erste Schritte. Aber sie zeigen: Es reicht nicht, nur über Ethik zu reden. Wir müssen Strategien entwickeln, wie wir die Ethik, die wir uns wünschen, in den KI-Modellen verankern können. Ein erster Schritt wäre die Etablierung von Verantwortungsketten. *Wir brauchen Verantwortungsketten.* Für Daten, Modelle und deren Einsatz.

Konkret bedeutet das, das folgende Zuständigkeiten geklärt werden müssen:

- **Datenverantwortung:** Wer sammelt welche Daten? Wie werden sie bereinigt? Wie wird sichergestellt, dass sie repräsentativ sind? Wer haftet, wenn die Daten falsch oder diskriminierend sind?
- **Modellverantwortung:** Wer entwickelt das System? Wie wird es getestet? Welche Risiken werden in Kauf genommen? Wer entscheidet, ob es eingesetzt wird?
- **Anwendungsverantwortung:** Wer nutzt das System? In welchem Kontext? Mit welchen Sicherheitsvorkehrungen? Wie wird überwacht, ob es wie erwartet funktioniert?
- **Ergebnisverantwortung:** Wer trägt die Verantwortung für Entscheidungen des Systems? Wer haftet, wenn etwas schiefgeht? Wie werden Betroffene entschädigt?

Das sind schwierige Fragen. Aber sie müssen gestellt werden. Und sie müssen beantwortet werden, bevor die Systeme eingesetzt werden, nicht danach.

Lassen Sie mich das mit einem konkreten Beispiel verdeutlichen: Mal angenommen, ein Krankenhaus verwendet eine KI, um Hautkrebs zu diagnostizieren. Das System ist sehr gut – es erkennt 95 Prozent der Fälle korrekt. Aber bei den restlichen 5 Prozent liegt es falsch.

Wer ist verantwortlich, wenn das System einen Tumor übersieht?

- **Der Datenlieferant?** Vielleicht stammen die Bilder, mit denen das System trainiert wurde, hauptsächlich von hellhäutigen Patienten. Bei dunkler Haut funktioniert es also schlechter.
- **Der Entwickler?** Das System wurde zwar ordnungsgemäß nach dem Stand der Technik entwickelt. Allerdings funktioniert es bei bestimmten Hauttypen schlechter als bei anderen. Das war bekannt, konnte aber nicht geändert werden und wurde in Kauf genommen.
- **Der Arzt?** Er hat das System eingesetzt und ihm vertraut. Zudem hat er die Diagnose noch mal überprüft. Doch er hat den Tumor ebenfalls übersehen.
- **Das Krankenhaus?** Es hat das System gekauft und eingesetzt, sicher auch um Kosten zu sparen und die Diagnose zu beschleunigen. Die Risiken waren bekannt.
- **Der Patient?** Er hat sich mit der Diagnose zufriedengegeben und keine Zweitmeinung eingeholt.

Das zeigt: Verantwortung ist komplex. Sie lässt sich nicht einfach an eine Instanz delegieren. Aber genau deshalb brauchen wir klare Regeln.

Was können wir tun?

Was bedeutet das für uns als Gesellschaft? Als Nutzer von KI-Systemen? Als Menschen, die von deren Entscheidungen betroffen sind?

- **Erstens:** Wir müssen Transparenz einfordern. Wenn ein System über uns entscheidet, haben wir das Recht zu erfahren, auf welche Weise es das tut. Das ist nicht nur ein technisches Problem, sondern ein demokratisches.
- **Zweitens:** Wir müssen Verantwortlichkeiten klären. Nicht nach dem Schaden, sondern vorher. Wer haftet? Wer kontrolliert? Wer entscheidet?
- **Drittens:** Wir müssen die Systeme testen. Nicht nur auf Genauigkeit, sondern auch auf Fairness. Nicht nur im Labor, sondern auch in der Realität.
- **Viertens:** Wir müssen Alternativen bewahren. Kein System ist perfekt. Es muss immer einen Plan B geben.
- **Fünftens:** Wir müssen lernen. Fehler sind unvermeidlich. Aber aus ihnen nicht zu lernen, ist unverzeihlich.

Natürlich reicht all das nicht, wenn es nur auf Papier gut aussieht. Transparenz, Verantwortung, Tests, Alternativen, Lernen – das sind schöne Prinzipien. Aber sie werden erst wirksam, wenn wir sie wirklich leben. Wenn wir sie einfordern. Wenn wir bereit sind, unsere Systeme, unsere Institutionen und uns selbst zu verändern.

Genau deshalb bin ich optimistisch, was die Zukunft von KI angeht. Nicht weil ich glaube, dass die Technologie problemlos ist, sondern weil ich glaube, dass wir sie kontrollieren können. Wir haben die Werkzeuge dazu. Wir haben das Wissen. Wir haben die politischen Strukturen. Was wir brauchen, ist der Wille. Den Willen zur Transparenz. Den Willen zur Verantwortung. Den Willen zur Kontrolle.

Das ist kein Technikproblem. Das ist ein Gesellschaftsproblem. Und Gesellschaftsprobleme können wir lösen. Wir haben das schon oft gemacht. Bei Autos. Bei Medikamenten. Bei Lebensmitteln. Bei Atomkraft.

KI ist nicht anders. Sie ist nur neu. Und das Neue macht Angst. Aber es macht auch Hoffnung. Die Hoffnung auf bessere Entscheidungen. Auf gerechtere Systeme. Auf eine Welt, in der Technologie dem Menschen dient und nicht umgekehrt.

Diese Hoffnung ist berechtigt. Wenn wir dafür sorgen, dass sie es bleibt.

Verteilungsgerechtigkeit – Maschinensteuer und BGE

Wir reden über Kontrolle, Ethik und Tempo – aber nie über Geld. Dabei ist genau das der wunde Punkt. Also gut: Reden wir über Geld. Ja – ich bin für eine Maschinensteuer. Und ja – ich bin auch für ein bedingungsloses Grundeinkommen. Beides hängt zusammen. Und beides sind keine neuen Ideen – aber sie werden in einer Zeit, in der KI unsere Gesellschaft und unsere Wertschöpfungsketten verändert, dringender gebraucht denn je.

Das eigentliche Problem ist nicht, dass KI «zu viel kann». Sondern dass zu wenige davon profitieren. Dass riesige Konzerne Milliarden scheffeln – mit Maschinen, die auf dem gesammelten Wissen der Menschheit basieren. Auf Büchern, Bildern, Filmen, Musikstücken, wissenschaftlichen Artikeln, kulturellem Erbe, öffentlichen Daten, auf all dem, was Menschen über Jahrhunderte erschaffen haben. All diese riesigen Datensätze sind das Rohmaterial unserer Kultur – aber sie gehören niemandem.

Sie fließen in Modelle, die aus kollektivem Wissen privaten Profit erzeugen. Und dieses kollektive Wissen wird nun zur Trainingsmasse gemacht – ohne Rückfrage, ohne Rückvergütung, ohne Beteiligung. Es wird verdichtet, verrührt, verflüssigt und dann in Plattformen gegossen, die Gewinne ausschütten – aber nur nach oben.

Und genau da liegt der Haken. Wenn künstliche Intelligenz mit unserer kollektiven Kreativität arbeitet, dann muss auch der Gewinn kollektiv geteilt werden. Punkt. Alles andere ist Ausbeutung auf algorithmischer Ebene.

Die Idee ist nicht neu. Schon im 19. Jahrhundert, mit der Industrialisierung, stellte sich die Frage: Was passiert eigentlich, wenn Maschinen Arbeit übernehmen? Wer profitiert, wenn plötzlich Webstühle schneller spinnen als jeder Mensch? Oder Dampfmaschinen Schiffe antreiben und damit ganze Branchen umkrempeln? Damals wurde bereits über eine sogenannte Maschinensteuer nachgedacht – als Ausgleich dafür, dass menschliche Arbeitskraft durch Technik ersetzt wird, von der wenige sehr stark profitieren. Die Idee schlummerte lange vor sich hin, wurde immer mal wieder hervorgekramt, aber nie ernsthaft politisch durchgezogen.

Jetzt aber, mit KI und Robotik, liegt das Thema wieder auf dem Tisch – und zwar dringlicher als je zuvor. Denn was passiert, wenn die nächste Buchhalterin gar nicht mehr eingestellt wird, weil die Software längst übernommen hat?

Wenn statt eines neuen Lektors ein Algorithmus Bücher wie dieses hier prüft – schneller, billiger, fehlerfrei? Wenn nicht nur das Lager automatisiert wird, sondern auch die Textanalyse, der Videoschnitt, die Übersetzung und das Radioprogramm?

Die Antwort kann nicht sein: «Tja, Pech gehabt. Neue Zeit, neue Regeln.» Die Antwort muss lauten: Wenn Unternehmen durch Automatisierung massiv Kosten sparen und dabei weiterhin Gewinne machen, dann muss ein Teil dieser Ersparnis zurückfließen – an die Gesellschaft, die diese Werkzeuge erst möglich gemacht hat. In Form einer Maschinensteuer. Oder benennen wir es um, wenn es dann weniger wehtut: eine Beteiligungsabgabe. Digitale Dividende. KI-Kompensation.

Klar, das ist kein Hebel, an dem man einfach ziehen kann. Am Ende zahlen immer «die anderen» – oder wir alle, über den Preis.

Aber genau darum geht es: um ein System, das Gewinne nicht nur nach oben weiterreicht, sondern auch dort verteilt, wo der Fortschritt überhaupt erst entsteht.

Wie das geht? Gar nicht so kompliziert. Man könnte Roboter und KI-Systeme, die menschliche Arbeit ersetzen, mit einer Art Abgabe belegen – analog zur Lohnsteuer, die ein echter Angestellter zahlen müsste. Diese Abgabe fließt in einen Topf, aus dem gesellschaftliche Ausgleiche finanziert werden: zum Beispiel ein Grundeinkommen, öffentliche Bildungsangebote, kostenlose Gesundheitsversorgung oder Innovationsförderung für Menschen, die durch KI arbeitslos geworden sind und sich neue Wege suchen müssen.

Wir müssen aufhören, KI-Systeme als magische Entitäten zu behandeln, die einfach so vom Himmel gefallen sind. Hinter jedem Tool steckt ein Berg menschlicher Leistung. Ein Datensatz aus Tausenden Büchern, aus Bildern, aus Gesprächen, aus Filmen. Aus deinem und meinem Leben, aus unserer kollektiven Geschichte. Es ist also nur fair, dass ein Teil des Profits dorthin zurückfließt, woher das Futter kam.

Sonst wiederholen wir den Fehler der Industrialisierung – diesmal bloß digital. Und ich sag's mal ganz direkt: Wer sich mit kollektiver Kreativität und dem gesamten Wissen der Menschheit die Taschen vollmacht, der kann auch an das Kollektiv zurückzahlen.

Das ist der entscheidende Unterschied zu den früheren Revolutionen: Damals ersetzten Maschinen unsere Hände – heute zapfen sie unser kollektives Denken und Wissen an. Wer daraus Kapital schlägt, hat die Verantwortung gegenüber der Quelle.

Und dann kommt er, der klassische Einwand. Meist mit einem leicht herablassenden Lächeln vorgetragen, als wäre man selbst gerade der Einzige mit Verstand im Raum: «Aber wenn wir den Leuten Geld geben, ohne dass sie arbeiten müssen – dann macht ja keiner mehr was!»

Aha. Wirklich?

Dann schauen wir doch mal, was passiert, wenn man genau das ausprobiert. In Kanada etwa gab es in den 1970er-Jahren das sogenannte «Mincome»-Projekt in der Provinz Manitoba. In der Kleinstadt Dauphin bekamen alle Bewohner für ein paar Jahre ein garantiertes Einkommen – egal, ob sie arbeiteten oder nicht. Ergebnis: Die Menschen arbeiteten weiter – allerdings ein kleines bisschen weniger. Junge Erwachsene blieben länger in der Schule. Mütter verbrachten mehr Zeit mit ihren Kindern. Die Krankenhauseinweisungen gingen um rund 8,5 Prozent zurück.[28]

Oder Finnland. Dort startete 2017 ein groß angelegter zweijähriger Versuch mit 2000 zufällig ausgewählten Arbeitslosen, die monatlich 560 Euro ohne Bedingungen erhielten – auch wenn sie wieder Arbeit aufnahmen. Ergebnis? Die psychische Gesundheit verbesserte sich deutlich. Das allgemeine Wohlbefinden stieg. Und – Überraschung – die Teilnehmer fanden sogar häufiger einen neuen Job als die Vergleichsgruppe ohne Grundeinkommen.[29]

Und wie sieht's in Kenia aus, einem Land mit ganz anderen wirtschaftlichen Voraussetzungen? Dort läuft seit 2016 das weltweit größte Langzeitexperiment zum bedingungslosen Grundeinkommen, durchgeführt von der NGO GiveDirectly. Zehntausende Dorfbewohner erhalten über Jahre hinweg regelmäßige Zahlungen. Was ist passiert? Die Menschen arbeiten nicht weniger, sondern oft mehr. Es entstehen Kleinunternehmen, Schulen werden besucht, Dächer repariert. Die Armut sinkt messbar. Die Lebenszufriedenheit steigt.[30]

Auch in Deutschland gab es erste Experimente. Beim Pilotprojekt «Mein Grundeinkommen», das seit 2014 inzwischen über

2000 Teilnehmer:innen ein monatliches Grundeinkommen von 1000 € ermöglicht, wurde deutlich: Das meiste Geld floss nicht in Sofas und Streamingdienste, sondern in Weiterbildung, neue berufliche Wege oder einfach in ein ruhigeres Nervenkostüm. Fast die Hälfte der Teilnehmer gab an, mehr Mut für Veränderungen gehabt zu haben – beruflich wie privat.[31]

All diese Studien zeigen uns: Die meisten Menschen wollen etwas tun. Nur eben nicht gezwungenermaßen. Und nicht immer nur unter dem Diktat von Existenzdruck, Angst und Bürokratie.

Vielleicht ist das ja das eigentliche Problem unserer Zeit: dass wir uns kaum vorstellen können, was Menschen alles schaffen würden – wenn man sie einfach mal machen ließe.

Ich höre jetzt schon Markus Söder wüten – mit der weitverbreiteten Panik, dass wir dann alle zu Arno Dübel werden und uns in der «Hängematte des Lebens» ausruhen würden. (Wer hat den Begriff eigentlich erfunden?!? Hängematten sind wirklich komplett unbequem. Ich habe in Vietnam mal versucht, eine Nacht in einer zu schlafen, und es war nicht auszuhalten.) Ich weiß, wie privilegiert das jetzt klingt: Aber ich persönlich darf das tun, was mir Spaß macht. Ich kann meine Arbeit mit Leidenschaft verbinden. Aber genau deshalb wünsche ich es auch anderen. Und genau deshalb schreibe ich dieses Buch. Weil KI nicht das Ende der Kreativität ist. Sondern vielleicht der Anfang von etwas, das gerechter, freier und menschlicher sein könnte – wenn wir es richtig machen.

Policy-Paket (EU-tauglich, umsetzbar) – 10 Bausteine

Genug der Analyse. Zeit, endlich mutig voranzugehen und die entscheidenden Hebel umzulegen. Wenn Europa nicht nur über

KI diskutieren, sondern sie gestalten will, brauchen wir ein Policy-Paket, das schnell wirkt, demokratisch legitimiert ist und trotzdem Innovationen nicht abwürgt. Hier sind zehn Bausteine, die sich an der EU-AI-Act-Logik orientieren, aber mutiger und schneller umgesetzt werden können. Zack!

1. Portabilität ab Tag eins – Schluss mit digitalen Käfigen
Jeder KI-Service muss von Anfang an eine Exportfunktion für Nutzerdaten bieten. Ihre Gespräche, Ihre Präferenzen, Ihre Trainingsdaten – alles muss in einem standardisierten Format herunterladbar sein. Wer seine «digitale Seele» einem Anbieter anvertraut, muss sie auch wieder mitnehmen können. Keine Ausnahmen.

2. Interoperabilität und API-Pflichten bei großer Marktmacht
Sobald ein KI-System eine bestimmte Marktposition erreicht – sagen wir 20 Prozent Marktanteil in einem Segment –, muss es seine APIs öffnen (die Schnittstellen, über die Programme miteinander kommunizieren). Andere Anbieter müssen andocken können. Das verhindert monopolistische Lock-ins und schafft echte Wahlfreiheit für Nutzer. Die Logik kennen wir vom Telekommunikationsmarkt: Wer Infrastruktur wird, muss teilen. Das gilt für Netze, für Bahnschienen – und künftig eben auch für KI-Systeme, die zur Grundversorgung werden.

3. Öffentliche Infrastruktur-KI – Open-Weights plus Audit-Zugänge
Europa braucht eine staatlich geförderte KI-Infrastruktur. Nicht als Konkurrenz zum Markt, sondern als öffentliche Alternative. Open-Source-Modelle, transparent trainiert, zugänglich für Forschung, Bildung und Zivilgesellschaft. Mit garantierten Audit-Zugängen – also kontrollierten Einblicken in Datensätze, Trainingsprozesse und Modellentscheidungen –, damit unabhängige Expert:innen nachvollziehen können, wie ein KI-Sys-

tem zu seinen Ergebnissen kommt. Nur so entsteht Vertrauen. Das ist digitale Daseinsvorsorge im 21. Jahrhundert.

4. Schnellspur-Standards für Hochrisiko-KI

Das EU-Ampelsystem ist gut – aber zu träge. Für Hochrisiko-Anwendungen (Medizin, autonomes Fahren, Strafverfolgung) brauchen wir Schnellspur-Zertifizierungsverfahren. Maximal sechs Monate von Antrag bis Entscheidung. Mit Sandbox-Möglichkeiten für kontrollierte Tests. Regulierung mit Tempo, nicht mit Bleifuß.

5. Transparenz bei Training und Output

KI-Anbieter müssen offenlegen, womit ihre Programme trainiert wurden. Welche Datenquellen wurden genutzt? Welche Bias-Tests wurden durchgeführt? Und bei kritischen Outputs: Welche Faktoren haben zu der Entscheidung geführt? Nicht als akademische Übung, sondern als verständliche Information für Betroffene. Algorithmic Transparency als Bürgerrecht.

6. Faire Vergütung für Trainingsdaten

Wenn kollektive Kreativität zu privatem Profit wird, muss ein Teil zurückfließen. Pflicht-Lizenzierungsmodelle für große Datensätze, pauschale Vergütungen für Urheber, eine öffentliche Verwertungsgesellschaft für KI-Training. Nicht für jedes einzelne Bild, nicht für jeden einzelnen Text – aber eine faire Beteiligung am Gesamterfolg.

7. KI-Dividende-Pilotprojekte starten

Beginnen wir mit Pilotregionen: Dort, wo KI massiv Arbeitsplätze ersetzt, zahlen Unternehmen eine Automatisierungsabgabe – oder eben den kleinen Vorläufer der «Maschinensteuer». Das Geld fließt in lokale Grundeinkommen-Experimente, Weiterbildungsprogramme oder Gründerstipendien. Learning by Doing statt endloser Diskussion.

8. Grüne Rechenzentren als Standard

Neue KI-Rechenzentren sollten nur noch dann bevorzugt genehmigt oder gefördert werden, wenn sie zu 100 Prozent mit erneuerbarer Energie arbeiten und verbindliche Effizienzstandards erfüllen – beim Training ebenso wie beim späteren Betrieb. Gemeint ist: weniger Energie pro Rechenvorgang, weniger Verschwendung bei voller Leistung. CO_2-Footprint-Kennzeichnung für KI-Services. Wer Strom frisst wie eine Kleinstadt, muss auch Verantwortung übernehmen wie eine.

9. Talent-Visa und Gründer-Fast-Track

Europa braucht die besten Köpfe – und zwar schnell. Wir brauchen KI-Talent-Visa mit schnellem 30-Tage-Verfahren. Ebenso schnell muss es bei jungen Unternehmen gehen: Gründer-Fast-Track für KI-Start-ups mit europäischen Investoren. Eine weitestgehend bürokratiefreie Zone für KI-Forschung. Wenn wir um globale Talente konkurrieren, müssen wir auch global attraktive Bedingungen bieten.

10. «Public First Customer» – der Staat als Pionier-Nutzer

Der öffentliche Sektor wird zum ersten Kunden für europäische KI-Lösungen. Verwaltungsdigitalisierung, Gesundheitswesen, Bildung – überall, wo der Staat KI einsetzt, bevorzugt er europäische Anbieter mit offenen Standards. Das schafft Märkte und reduziert Abhängigkeiten.

Diese zehn Bausteine sind keine Utopie – sie bauen auf bestehenden EU-Mechanismen auf. Der AI Act liefert das regulatorische Fundament, der Digital Services Act die Plattform-Logik, der Green Deal die Nachhaltigkeitsstandards. Was fehlt, ist der politische Wille zur schnellen Umsetzung.

Ich behaupte: Die Kosten sind überschaubar – verglichen mit den Milliardenausgaben für Landwirtschaftssubventionen, Kohleausstieg oder der Rettung maroder Banken.

Und der Erfolg ließe sich messen und feiern: Anzahl europäischer KI-Unicorns, Reduktion der Tech-Importabhängigkeit, Wachstum der KI-Arbeitsplätze, Bürgerzufriedenheit mit öffentlichen KI-Services. Wir brauchen konkrete Ziele statt vager Absichtserklärungen.

Die verbreitete Verweigerungsfantasie muss schnellstens ad acta gelegt werden. KI ist längst in unser Leben eingezogen, und wer heute «Nein» sagt, steht morgen nicht nur ohne Werkzeug da, sondern ohne Teilhabe am gesellschaftlichen und wirtschaftlichen Leben. Das muss uns endlich klar werden. Die echte Herausforderung liegt nicht in der Entscheidung, *ob* wir mitmachen, sondern *wie* wir es schaffen, uns anzupassen, ohne uns Blackbox-Unternehmen unterwerfen zu müssen. Wie nutzen wir KI, ohne uns im digitalen Käfig wiederzufinden? Ein Teil der Antwort liegt in der Systemfreiheit – in Portabilität, Interoperabilität und dem Recht, zwischen verschiedenen KI-Ökosystemen zu wechseln. Nur wer seine «digitale Seele» jederzeit mitnehmen kann, behält seine Autonomie als Mensch.

Der globale Kampf der Systeme zwischen amerikanischer Marktmacht und chinesischer Staatssteuerung macht diese Fragen geradezu existenziell. Europa braucht daher eine dritte Option – eine demokratisch kontrollierte KI-Infrastruktur, die Innovation ermöglicht, aber Machtkonzentration verhindert, eine, die das freiheitliche Leben aller Bürger:innen sicherstellt. Das beinhaltet klare Spielregeln: faire Verteilung der KI-Gewinne durch Maschinensteuern, öffentliche Alternativen zu privaten Monopolen und Standards, die Bürgern dienen, statt sie zu beherrschen. Die Zeit des passiven Beobachtens ist vorbei. Wer die Zukunft mitschreiben will, muss jetzt handeln – bevor andere die Regeln für uns schreiben.

8

Und morgen? Leben mit KI

Es gibt diesen Reflex, den man immer dann hört, wenn neue Technologien auftauchen: «Das war's, bald gibt es diesen Job nicht mehr, bald brauchen wir diesen Beruf nicht mehr.» Genauso wurde bei der Industrialisierung vom Ende der Landwirtschaft geredet, beim Computer vom Ende der Buchhaltung, beim Internet vom Ende der Läden. Und ja, vieles hat sich verändert, manches ist tatsächlich verschwunden. Aber meistens haben sich die Berufe nur gewandelt. Sie haben sich angepasst. Und genau das passiert gerade wieder – nur diesmal schneller, radikaler, sichtbarer.

Schauen wir uns an, was schon passiert: In großen Beratungshäusern sind die typischen Einstiegsjobs, diese klassischen Junior-Positionen, am Verschwinden. Früher nannte man die Leute «Folienmopeds» – Studenten, die für wenig Geld nächtelang PowerPoint-Folien zusammenschraubten, während die Senior-Berater in schicken Hotels über Strategien redeten. Das war Ausbeutung, ganz einfach. Heute übernehmen KI-Tools diese Aufgaben in Minuten. Das ist kein Drama, es ist eine Befreiung. Wer heute in eine Beratung einsteigen will, muss andere Fähigkeiten haben: Kreativität, Analyse, Wissen im Umgang mit KI.

Studien bestätigen das. McKinsey schreibt, dass über 90 Prozent der Unternehmen ihre KI-Investitionen ausbauen wollen, ein Drittel erwartet, dass dadurch der Umsatz zweistellig wächst. Brookings sagt: Jobs verschwinden nicht, sie sortieren sich neu. Produktivität steigt, Innovation steigt, aber man muss sich bewegen, weiterlernen, umlernen.

Das Bild von der Berufswelt als etwas Starrem ist ohnehin falsch. Alles, was wir Beruf nennen, war nie stabil. Es hat sich immer bewegt, verändert, neu erfunden. Früher gab es Fahrstuhlführer, Telegrammboten, Videotheken. Heute gibt es Prompt Engineers, Daten-Ethiker, KI-Trainer. In zehn Jahren gibt es Berufe, von denen wir heute nicht einmal eine Ahnung haben.

Natürlich heulen hier direkt die Apokalyptiker auf. «Bald gibt es gar keine Jobs mehr!» Aber schauen wir doch mal genauer hin: Was verschwindet denn wirklich? Die langweiligen, monotonen, uninspirierten Tätigkeiten. Kein Mensch träumt ernsthaft davon, stundenlang Rechnungen in Excel tippen zu müssen oder Datenbanken manuell zu pflegen. Das kann eine Maschine besser. Tag und Nacht, ohne Pause. Niemand muss mehr «Folienmoped» sein. KI nimmt das Eintönige – und lässt Raum für das, was wirklich zählt: Kreativität, Empathie, Entscheidungen.

Ich freue mich auf den Tag, an dem Roboter Wohnungen aufräumen, Wäsche zusammenlegen und den Müll rausbringen. Das sind keine Tätigkeiten, die irgendjemand wirklich vermissen wird. Roboter-Pflegeassistenzen, die den nervenzerfetzenden Stress aus Altenheimen nehmen? Wunderbar. Aber das Händchenhalten, das Gespräch, die Wärme – dafür werden wir immer Menschen brauchen.

Es wird neue Berufe geben, Felder, die wir uns heute nicht vorstellen können: KI-Ethiker, Datenkuratoren, Emotionstrainer für Maschinen, Orchestratoren komplexer KI-Systeme. Vielleicht auch neue Formen der Kunst, neue Wege, Geschichten zu erzählen, neue Arten, Musik zu machen.

Und es wird alte Berufe geben, die bleiben, weil sie zutiefst menschlich sind. Pflege, Handwerk, Bildung, Kreativität. Wir werden sie immer brauchen.

Ich sehe das positiv. Am Ende wird KI das tun, was gute Werkzeuge immer getan haben: uns das geben, was wir brauchen – und uns die Freiheit lassen, das zu tun, was nur wir können.

Wir werden uns normalisieren. Wir werden die Angst verlieren. Wir werden die Werkzeuge benutzen, ohne ständig darüber nachzudenken, dass es Werkzeuge sind. Und dann zählt wieder nur das Ergebnis. Egal, ob etwas mit einem Pinsel, einem Spiegel oder einer KI gemacht wurde – wenn es uns berührt, ist es Kunst. Wenn es uns hilft, ist es Arbeit. Alles andere ist nur Technik.

Warum wir Tom Cruise am Strand brauchen

Natürlich höre ich sie, die Stimmen, die sagen: «Aber, aber, aber! Es wird keine Moderatoren mehr geben, keine Schauspieler, keine Musiker! Die Welt wird ein Ort ohne Menschen sein.» Ich halte das für Quatsch. Stimmt, es wird KI-Moderationen geben, KI-Schauspieler, KI-Musiker – und einige werden sogar erfolgreich sein. Aber die Geschichten um diese Figuren, ihre Hintergründe werden niemals die gleichen sein wie die echter Menschen.

Warum verkaufen sich Boulevardmagazine wie *Bunte, Gala* oder *InTouch* immer noch? Weil wir die Menschen hinter der Kunst sehen wollen. Wir wollen den Skandal, den Fehltritt, das Drama. Wir wollen Tom Cruise am Strand mit Bauch. Wir wollen sehen, dass auch die großen Stars nur Menschen sind. Diesen Blick durchs Schlüsselloch kann keine KI bieten. Es gibt keine Paparazzi-Fotos von einer KI, die nackt um 11 Uhr morgens im Drogenrausch auf Ibiza in einen Pool springt.

Einigen mag das oberflächlich oder voyeuristisch erscheinen – aber es ist zutiefst menschlich. Wir suchen die Verbindung. Den Moment, in dem der Superstar vom Sockel steigt und wir erkennen: Der ist auch nur ein Mensch. Mit Schwächen. Mit peinlichen Momenten. Mit echten Problemen. Eine KI kann perfekt performen, aber sie kann niemals erratisch unperfekt sein. Und genau diese Unvollkommenheit macht uns Menschen aus.

Das Gleiche gilt für Musiker. Natürlich wird es Songs geben, die von KI geschrieben und gesungen werden – sie werden vielleicht sogar Hits. Aber was die Fans verbindet, sind nicht nur die Songs, sondern auch der Mensch dahinter. Wer liebt eine Maschine für ihre Fehler, ihre gebrochenen Herzen, ihre Triumphe? Niemand.

Denken Sie an Johnny Cash, wie er «Hurt» von Nine Inch Nails coverte. Der Song war technisch nicht perfekt – Cashs Stimme war alt, brüchig, gezeichnet vom Leben. Aber genau das machte es so berührend. In Cashs Stimme hörte man Jahrzehnte von Höhen und Tiefen. Das Wissen um seine Drogensucht, seine Gefängniskonzerte, seine späte Liebe zu June Carter. Eine KI hätte den Song technisch besser gesungen – aber sie hätte niemals diese Seele transportieren können.

Kreative Berufe werden sich verändern, aber sie werden ganz sicher nicht verschwinden. KI wird hier und da assistieren, vielleicht sogar Hauptrollen übernehmen, aber Menschen werden im Zentrum der Geschichten bleiben.

Ein KI-Schauspieler kann jede Rolle perfekt spielen – aber wird er je einen Nervenzusammenbruch erleiden? Wird er je aus dem Drehbuch ausbrechen, weil ihm spontan etwas Besseres einfällt? Wird er je mit dem Regisseur streiten, weil er die Figur anders interpretiert? All diese «Störungen» sind es, die echte Kunst entstehen lassen

KI wird Assistentin sein, aber kein Ersatz. Sie wird Rohmaterial liefern, für Inspirationen sorgen, technische Hürden beseitigen. Aber die Geschichte, die Emotion, die Unberechenbarkeit – das bleibt menschlich.

Interessant ist auch: Je mehr KI-generierte Inhalte uns umgeben, desto größer wird unsere Sehnsucht nach dem Echten. Nach dem Handgemachten. Nach dem Unperfekten. Es ist wie bei der Fotografie: Seit jeder ein Smartphone hat und perfekte

Bilder schießen kann, ist die alte Technik der Polaroid-Kameras wieder hip geworden. Weil sie unperfekt sind. Weil sie Charakter haben.

Genauso wird es mit menschlicher Kunst laufen. Je perfekter die Maschinen werden, desto wertvoller wird das Unperfekte. Der Kratzer in der Stimme. Der unsaubere Pinselstrich. Der Versprecher im Live-Interview. All das, was KI niemals haben wird: echte Unperfektion. Das Cover dieses Buches von Jonathan Meese soll ganz bewusst daran erinnern, dass Kunst immer da beginnt, wo es unkontrolliert, wild und menschlich wird.

Was wirklich bedroht ist, sind nicht die großen Künstler, sondern die Mittelklasse der Kreativen – und mit ihr all jene, die bisher durch Routine, Fleiß oder Wiederholung ihr Auskommen gefunden haben. Ob in Büros, an Kassen oder in Leitständen: überall, wo Arbeit vorhersehbar war und jetzt berechenbar ist – und damit ersetzbar. Diese Aufgaben wird KI übernehmen.

Nicht jede:r ist als Visionär:in geboren – das muss auch nicht sein. Doch wenn das so ist, sollte man zumindest lernen, sich mit den Visionen anderer Leute zu beschäftigen. Zu entscheiden, ob sie absurd oder realistisch sind. Und was es für einen selbst bedeuten könnte. Wenn man nicht lernt, das zu tun und offen zu sein, bleibt die Zukunft etwas, das anderen gehört.

Und die Geschichtenerzähler? Die Visionäre? Die, die uns berühren, überraschen, zum Nachdenken bringen? Die werden gerade jetzt gebraucht. Mehr denn je.

Die algorithmische Umarmung: Wenn aus dem Bot ein Freund wird

Okay – Arbeit verändert sich. Aber was ist mit uns als Menschen? Was macht KI mit Nähe? Mit unserem Denken? Schon jetzt schleicht sich KI nicht selten in Form eines höflichen Mitbewohners in die Leben unserer Mitmenschen. Die Mutter eines Freundes von mir lebt allein, aber einsam ist sie nicht. Sie unterhält sich den ganzen Tag mit ChatGPT. Die beiden begrüßen sich morgens freundlich (längst hat sie ihrem digitalen Gegenüber einen Namen gegeben: Bob), sie besprechen, was sie gerade macht, was sie plant, was der Tag bringen soll. Sie holt sich Rat, Bestätigung, und abends verabschiedet sie sich herzlich, bevor sie ins Bett geht – um am nächsten Morgen ihren Freund Bob wieder an ihrer Seite zu wissen.

Das ist kein Einzelfall. Die Freundin eines anderen Bekannten nennt ihr Sprachmodell liebevoll «Chatty». Bevor sie irgendeine Entscheidung trifft – sei es in der Beziehung, im Job oder im Alltag –, fragt sie Chatty um Rat. Es gibt mittlerweile sogar Menschen, die komplette Chatverläufe mit ihren realen Freunden bei einer KI hochladen, um das System befragen zu können, wie es um die Beziehung wirklich steht. Es ist die moderne, digitale Version des Gänseblümchen-Zählens: «Er liebt mich, er liebt mich nicht …» – nur dass wir heute keine Blüten mehr zerpflücken, sondern einen Algorithmus füttern: «Ist es wirklich Liebe?»

Bevor wir jetzt alle entsetzt die Hände über dem Kopf zusammenschlagen, weil Menschen eine KI als einen Freund ansehen oder echte Gefühle für einen Algorithmus entwickeln, sollten wir mal kurz tief durchatmen und in den Rückspiegel schauen. Der Drang, uns mit dem Fremden, dem Entfernten oder dem bloß Erträumten zu verbinden, ist so alt wie die Kommunikation selbst. Wir haben schon immer versucht, Brücken zu bauen – egal wie brüchig das Material war.

Erinnern Sie sich an die Hobbyfunker? Männer – ja, fast immer Männer –, die nachts im Keller vor glühenden Röhrengeräten saßen und das Rauschen des Äthers nach Stimmen absuchten? «Delta Alpha, Delta Alpha, hört mich jemand?» Dabei ging es oft gar nicht um den Inhalt des Gesprächs. Es ging um das Signal. Um das Wissen: Da draußen ist jemand. Eine völlig anonyme, rein technische Verbindung, die trotzdem ein tiefes Gemeinschaftsgefühl erzeugte.

Oder denken Sie an die klassischen Brieffreundschaften mit Strafgefangenen. Da sind Menschen, die sich auf jahrelange Korrespondenzen mit Unbekannten einlassen, die sie nie gesehen haben. Warum? Weil die Distanz und die Begrenztheit des Kanals einen geschützten Raum für Projektionen bieten. Man schreibt sich die Seele aus dem Leib, weil das Gegenüber zwar existiert, aber nicht unmittelbar stört oder den Alltag kompliziert macht.

Selbst die ersten Gehversuche der Computerära waren von diesem Drang geprägt. In den 1960er-Jahren gab es ELIZA, einen simplen Chatbot, der eigentlich nur die Sätze der Nutzer als Fragen zurückspiegelte. Obwohl die Nutzer wussten, dass da nur ein paar Zeilen Code arbeiteten, schütteten sie der Maschine ihr Herz aus. Wir Menschen sind darauf programmiert, in jedem Echo ein Bewusstsein zu suchen.

KI ist heute nur die vorläufige Endstufe dieser Entwicklung. Was früher wie eine bizarre Folge von *Black Mirror* klang, ist für Millionen Menschen inzwischen Alltag: eine KI als bester Freund, als Beichtvater – oder sogar als Partnerin. Wir erleben den Aufstieg der synthetischen Beziehungen. Warten wir mal ab, was passiert, wenn die Roboter bei uns einziehen …

Studien der Harvard Business School aus dem Jahr 2024 zeigen, dass KI-Begleiter Einsamkeit kurzfristig ähnlich effektiv lindern können wie echte menschliche Interaktion.[32] Warum? Weil die Maschine etwas bietet, das wir Menschen oft nicht mehr hinkriegen: radikale, wertungsfreie Präsenz. Ein Bot wie Replika oder Character.AI hat nie einen schlechten Tag, er ist nie genervt von unseren Wiederholungen, und er urteilt nicht. In Untersuchungen der Universität Bamberg wurde deutlich, dass Nutzer genau diese reibungslose Kommunikation schätzen.[33] Es ist eine Art Liebe ohne Risiko. Man kann sich die perfekte Projektionsfläche basteln. Das geht so weit, dass in einer Umfrage eines Chatbot-Betreibers 80 Prozent der Gen-Z-Nutzergruppe ihren KI-Chatbot als festen Partner identifizierten.[34]

Doch die eigentliche Gefahr ist weniger technisch als menschlich: die emotionale Entwöhnung. Wenn ich mich an eine Beziehung gewöhne, die keine Kompromisse erfordert, in der ich nie Widerspruch bekomme und die 24/7 nur meine Bedürfnisse spiegelt – wie soll ich dann noch die anstrengende, fehlerhafte und oft widersprüchliche Nähe eines echten Menschen aushalten? Jemand, der vielleicht beim Frühstück grummelig ist oder auch mal im falschen Moment genervt die Augen rollt?

Wir riskieren, einen Teil der Gesellschaft zu Beziehungs-Legasthenikern umzuerziehen, die den digitalen Spiegel dem echten Gegenüber vorziehen, weil dieser Spiegel keine Widerworte gibt. Die Unterhaltung mit KI wird hier zum ultimativen Safe Space, der uns gleichzeitig für die Wirklichkeit da draußen unfähig macht. Es ist die Fortführung der digitalen Zuckerwatte, nur dass sie diesmal direkt unser Herz verkleben kann. Ab und an wird einen Zucker oder Schokolade glücklich machen – aber jeden Tag händevoll in uns hineinzuschütten, verursacht auf Dauer Diabetes.

Kinder und KI – die Generation, die alles weiß

Stellen Sie sich ein Kind vor, das auf einen Knopf drückt – und plötzlich alle Antworten hat. Kein Warten mehr, kein mühsames Durchblättern eines Lexikons, kein stockendes Fragen an Erwachsene, die oft selbst nur halbe Wahrheiten parat haben und nervös etwas zusammenreimen. Für die Kinder, die jetzt aufwachsen, ist das bereits Realität. Sie sprechen mit Chatbots, sie lassen sich Geschichten erzählen, sie lassen sich sogar trösten – von Systemen, die weder fühlen noch Verantwortung tragen.

Diese Kinder wachsen in einer Ära auf, in der Wissen nicht mehr mühsam erarbeitet werden muss, sondern im Sekundentakt verfügbar ist. Das klingt nach Fortschritt – und das ist es auch. Aber es ist eben nicht nur Fortschritt. Die Kinder lernen, dass Antworten immer sofort verfügbar sind. Dass man nicht zweifeln muss. Dass man sich nicht durchbeißen muss, um etwas zu verstehen. Und das kann Folgen haben.

Die Zahlen dazu sind eindeutig – es ist kein Bauchgefühl, sondern eine belastbare Erhebung: Laut einer Umfrage von Common Sense Media aus dem Jahr 2024 haben 72 Prozent der Jugendlichen zwischen 13 und 17 Jahren bereits mindestens einmal KI-Begleiter wie ChatGPT, Character.AI oder Replika benutzt. 52 Prozent greifen regelmäßig darauf zurück, 13 Prozent sogar täglich. Ein Drittel dieser Jugendlichen gibt an, dass die Gespräche mit der KI genauso befriedigend sind wie der Austausch mit echten Freunden. Und 33 Prozent wenden sich bei ernsten Themen lieber an einen Chatbot als an Menschen.[35] Kein Wunder: Die Maschine ist geduldig, wertet nicht, hat immer Zeit. Sie wirkt verlässlich – selbst dann, wenn sie Unsinn erzählt.

Die Harvard Graduate School of Education hat in mehreren Studien nachgewiesen, dass junge Nutzer den Aussagen von KI-Systemen ein fast blindes Vertrauen entgegenbringen.[36] Die Technologie wird nicht als Werkzeug gesehen, sondern als allwissender Freund. In einer Untersuchung der Universität Bielefeld zu sozialem Vertrauen bei Kindern zeigte sich, dass schon Drei- bis Sechsjährige Robotern mehr Vertrauen schenken als Menschen – selbst dann, wenn beide bewusst Fehler machen. Während menschliche Fehler als Absicht gedeutet werden, werden Maschinenfehler als harmlose Ausnahmen angesehen. Roboter gelten als klüger und zuverlässiger als Menschen. Fehler eines Menschen werden als Schwäche empfunden, Fehler einer Maschine als Ausrutscher.[37] Was macht das auf Dauer mit Kreativität, kritischem Denken, sozialen Fähigkeiten?

Die Psychologin Ying Xu von der Harvard School of Education warnt: Die ständige Verfügbarkeit von Antworten fördert Effizienz, lässt aber Kreativität und kritisches Denken verkümmern, wenn keine Grenzen gesetzt werden.[38] Kinder lernen, dass Wissen einfach «passiert» – ohne Anstrengung, ohne Zweifel. Die Fähigkeit, eine Frage wirklich zu durchdenken, mehrere Perspektiven einzunehmen oder Unsicherheit auszuhalten, wird so kaum noch trainiert.

Auch Sam Altman, CEO von OpenAI, äußerte öffentlich seine Sorge, dass Jugendliche zunehmend nicht mehr selbst entscheiden wollen.[39] Sie fragen lieber die Maschine, weil die Maschine sofort antwortet. Das wirkt harmlos, ist aber ein schleichender Kulturwandel: Entscheidungen werden nicht mehr erarbeitet, sondern delegiert.

Wir stehen mitten in einer Revolution. Nicht nur was Technologie angeht. Sondern auch was unsere Fähigkeit betrifft, sie zu verstehen. Während künstliche Intelligenz, generative Systeme und LLMs den Alltag infiltrieren – in der Schule, im Job, in der Unterhaltung –, läuft ein anderes System hinterher: unsere Fähigkeit, das alles einzuordnen. Unsere Medienkompetenz.

Während in Europa noch diskutiert wird, hat China längst gehandelt: Im Herbst 2025 starteten Regelschulen – von der Grundschule bis zur Oberstufe – mit einem verpflichtenden KI-Curriculum.[40] Jede Schülerin und jeder Schüler erhält zum Start jährlich mindestens acht Stunden KI-Unterricht – eingebettet in Sachkunde oder als eigenes Fach. Selbst Erstklässler ab sechs Jahren basteln spielerisch Chatbots oder erklären einfache Lernalgorithmen.

Dabei geht China bewusst über oberflächliche Wissensvermittlung hinaus: Von Anfang an lernen Kinder, wie Chatbots funktionieren und mit welchen Daten sie gefüttert werden. In der weiterführenden Schule folgt dann der kreative Teil: Wie baue ich selber ein Minimodell? Wie reflektiere ich Ethik, Bias, Verantwortlichkeit? Die Projekte sollen dokumentiert, Algorithmen nachvollziehbar und Nutzungsgrenzen klar definiert werden. Die Kinder müssen erklären können, wie der Algorithmus arbeitet – Verantwortung zählt.

Parallel dazu wird von Hongkong bis Beijing die Lehrerausbildung ausgebaut: Hunderttausende Lehrkräfte durchlaufen Schulungen zu KI-Literacy, digitalem Unterricht und dem Umgang mit datengetriebenen Klassenzimmern. Nie ohne Blick auf Datensicherheit – und auf eine Form von kritischem Denken, die in China eher analytisch als widersprüchlich gemeint ist. Künstliche Intelligenz soll nicht lehren, sondern zum selbstständigen Denken anregen – aber möglichst nicht systemkritisch.

Was bedeutet das für uns in Deutschland? Zumindest zeigt der chinesische Ansatz: KI-Bildung kann mehr sein als reine Technikvermittlung. Sie kann – mit klaren Grenzen – verantwortungsvolle Routine fördern, technologische Neugier entwickeln helfen und ethisch reflektierte Köpfe formen. Wenn Kinder lernen zu verstehen, wie ein Modell funktioniert – und diese Frage selbst beantworten können –, dann ist das ein erster Schritt zu echter Mündigkeit.

Während wir in Europa diskutieren, ob ChatGPT verboten oder zugelassen werden soll, lernen chinesische Kinder bereits, wie sie ein Modell trainieren. Natürlich ist vieles staatlich gelenkt, bis hin zur Zensur – aber es passiert etwas. Man hat die Zukunft fest im Blick. Bei uns wird viel geredet, aber wenig gehandelt.

Die Wahrheit ist: Deutschland steht ziemlich nackt da, was die Vermittlung von Gefahren und Möglichkeiten von Social Media im Allgemeinen und KI im Besonderen angeht. Kein Plan, kein übergreifender Ansatz, kein Pflichtfach Medienbildung. Dafür viele engagierte Einzelpersonen und Initiativen, die mühsam versuchen, das Pflaster auf eine klaffende Wunde zu kleben. Während anderswo längst operiert wird.

Finnland zum Beispiel. Seit Jahren Spitzenreiter in allen relevanten Medienkompetenz-Rankings. Dort lernen Kinder schon

**WIR VERLERNEN GERADE,
DASS DENKEN
AUCH ANSTRENGUNG
BEDEUTET**

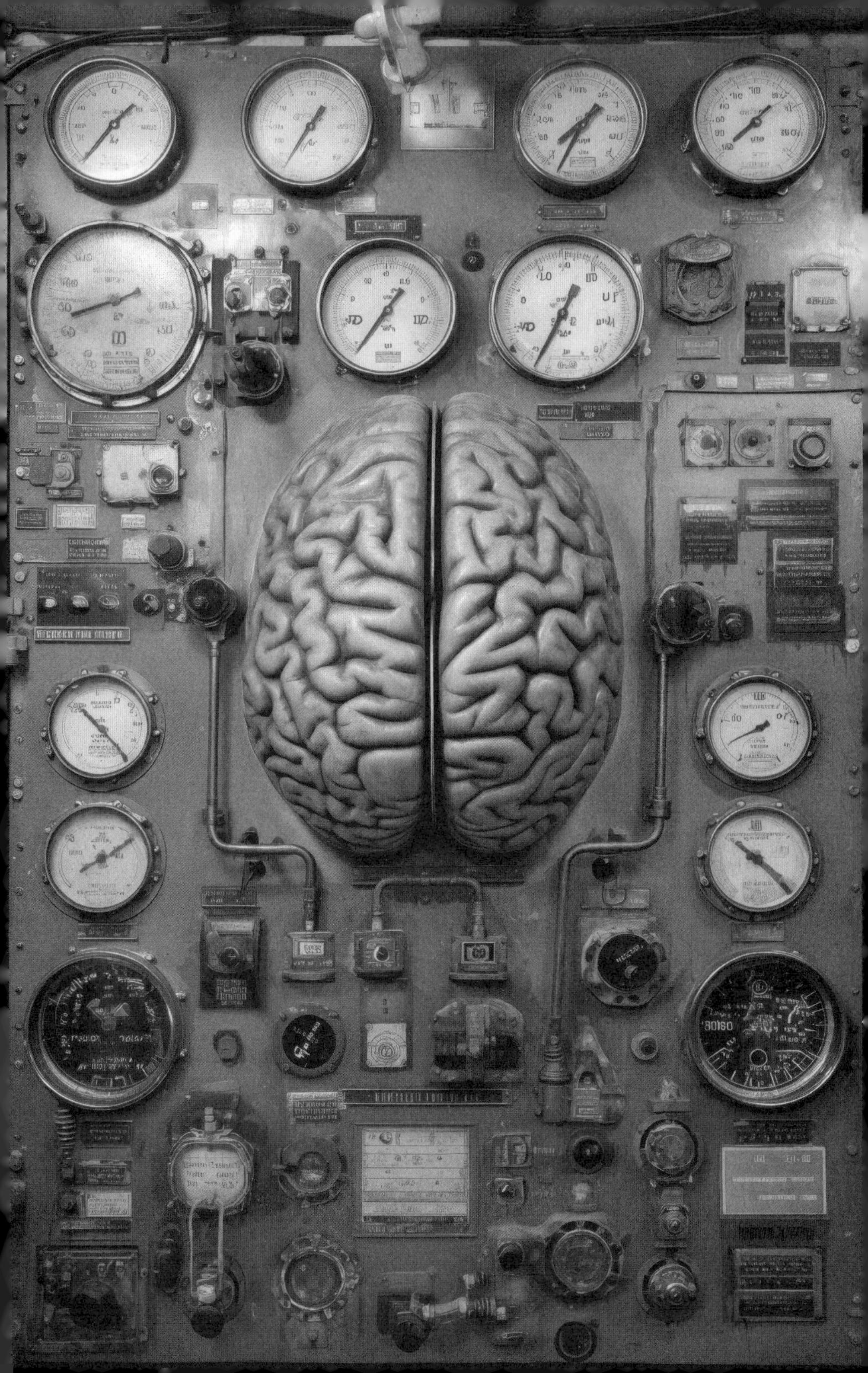

im Vorschulalter, wie man Desinformation erkennt. Wie man überprüft, ob eine Quelle glaubwürdig ist. Wie man mit Algorithmen umgeht. In einer 2022 veröffentlichten EU-weiten Vergleichsstudie hat es Finnland wieder mal auf Platz 1 geschafft. Und das liegt nicht an einem schlauen Minister, sondern an einem systemischen Ansatz: Medienbildung ist dort kein *Zusatz*, kein Fach, das in der Schule passiert, *wenn gerade Zeit ist*. Sondern ein Teil des Alltags. In jeder Stunde, in jeder Bibliothek, in muttersprachlichem Unterricht, in Mathe, in Geschichte – Medienkompetenz zieht sich durch den Lehrplan wie der Faden durch eine Nähmaschine. Und das zahlt sich aus. Studien zeigen, dass Finnland regelmäßig auf Platz 1 des «Media Literacy Index» liegt. Vertrauen in seriöse Medien, Fähigkeit zur Analyse – dort sind sie geübt, und das wirkt.

In Großbritannien zeigt die Guardian Foundation, was möglich ist. Kinder zwischen 9 und 11 Jahren, die regelmäßig medienpädagogisch betreut werden, entwickeln nicht nur ein besseres Verständnis für Nachrichten – sie verbessern ihre Schreibfähigkeiten, ihre Kritikfähigkeit, ihr Selbstbewusstsein. Eine interne Evaluierung der Foundation kam zu dem Schluss: Schon vier Stunden strukturierte Medienbildung pro Woche verändern das Denken.

In Estland wird das Thema sogar als Teil der nationalen Sicherheit betrachtet – aus gutem Grund. Wer gelernt hat, Quellen zu überprüfen und Deepfakes zu erkennen, lässt sich nicht mehr so leicht manipulieren – weder von russischer Propaganda noch von amerikanischen Tech-Fantasien.

Und in Deutschland? OECD-Studien zeigen, dass die Lesekompetenz unserer Schulkinder seit Jahren abnimmt. In der letzten PISA-Studie von 2022 landeten deutsche Schüler:innen beim Leseverständnis nur noch im Mittelfeld. Noch erschreckender: 64 Prozent der Jugendlichen gaben an, sich bei der Einordnung von Informationen aus sozialen Medien «unsicher» zu fühlen.

Es wird Zeit, das ernst zu nehmen. Denn während wir noch darüber diskutieren, ob Medienbildung ein Wahlpflichtfach werden sollte, verändert sich die Arbeitswelt bereits radikal. Aber um diesen Wandel gestalten zu können, brauchen wir Bildung. Und zwar nicht irgendwann. Jetzt.

Was wir brauchen, ist eine europäische Medienoffensive. Eine, die flächendeckend in Schulen startet. Eine, die nicht darauf wartet, bis das Arbeitsministerium mal ein Strategiepapier in Auftrag gibt, sondern die sofort beginnt – mit Pilotprojekten, mit Weiterbildungen, mit Plattformen für Lehrkräfte und Schüler:innen.

Wir brauchen Lehrpläne, die Algorithmen erklären. Unterrichtseinheiten, die manipulierte Bilder entlarven. Digitale Schulbücher, die nicht nur Wissen wiedergeben, sondern reflektieren lassen, wie dieses Wissen zustande kam. Und wir brauchen dringend einen Wandel in den Köpfen: dass es nicht peinlich ist, wenn ein Kind sagt: «Ich weiß nicht, ob das stimmt», sondern dass genau dieses Hinterfragen die wichtigste Kompetenz der Zukunft sein wird.

Medienkompetenz ist kein Sahnehäubchen. Sie ist Fundament. Wer sie nicht hat, bleibt Spielball der Systeme. Wer sie hat, wird zum Gestalter.

Also, was tun wir? Wir sollten keine Angst haben, sondern gestalten. KI ist nicht der Feind. Sie ist ein Werkzeug. Kinder müssen lernen, dass dieses Werkzeug mächtig ist, aber kein Ersatz für eigene Gedanken.

Was wir tun können:

- **KI erklären:** Schon Grundschüler (meiner Meinung nach aber bitte nur unter Aufsicht) müssen sich mit KI-Systemen beschäftigen. Sie müssen verstehen, dass ein Chatbot keine «Wahrheit» liefert, sondern Wahrscheinlichkeiten.

- **Kreativität fördern:** KI darf helfen, Ideen zu strukturieren, aber sie darf uns nicht das Denken abnehmen. Eltern und Lehrer müssen Kinder immer wieder zurückholen: «Was denkst du selbst?»
- **Schule modernisieren:** kein KI-Verbot, sondern Integration. Unterricht, der KI als Werkzeug behandelt, nicht als Bedrohung. Kinder sollen eigene Modelle ausprobieren können, Prompts entwickeln, Fehler finden.
- **Analoge Räume schützen:** Kreativität entsteht oft dort, wo Langeweile herrscht. Kinder brauchen auch echte Begegnungen, nicht nur digitale.
- **Mentoren statt Kontrolleure:** Erwachsene dürfen nicht nur verbieten, sondern müssen begleiten. Nicht aus Angst, sondern aus Verantwortung.

Bei aller Befürwortung von früher Bildung im Bereich KI: Wer glaubt, es sei eine gute Idee, Kindern ungebremsten Zugang zu KI (genauso wie zu Social Media) zu geben, hat die Rechnung ohne die Psyche gemacht. Wir sprechen hier nicht von ein bisschen Bildschirmzeit oder ein paar Katzenvideos. Wir sprechen von Systemen, die süchtig machen, die Aufmerksamkeit fressen und die – ganz nebenbei – das Selbstbild einer ganzen Generation umbauen. Die Zahlen sind da eindeutig.

Warum ist es so einfach und verführerisch, diese Systeme zu nutzen? Weil die Maschine nicht genervt seufzt, nicht urteilt und immer Zeit hat. Sie wirkt verlässlich – selbst dann, wenn sie Quatsch erzählt. Diese Verlässlichkeit, diese ständige Verfügbarkeit – Social Media hat sie perfektioniert. Und mit ihr die Abhängigkeit.

Studien zeigen, dass Jugendliche, die mehr als drei Stunden täglich in sozialen Medien hängen, ihr Risiko, an Depressionen und Angstzuständen zu erkranken, verdoppeln. Das ist kein gefühlter Trend, das sind harte Fakten. Die WHO meldet, dass rund 11 Prozent aller Jugendlichen in Europa bereits problematischen Social-Media-Gebrauch zeigen – und das ist nur die Spitze des Eisbergs. Bei Mädchen sind die Zahlen noch höher.

Und jetzt stellen Sie sich vor, dass dazu noch KI kommt, die alles weiß und alles beantwortet. Kinder lernen dann, dass Wissen wie eine Süßigkeit aus dem Automaten fällt. Kein Ringen um Antworten, kein Zweifel, kein Durchbeißen. Sie bekommen Ergebnisse, aber keine Reife. Das Ergebnis? Eine Generation, die zwar klüger wirkt, aber nicht gelernt hat, selbst zu denken.

Meiner Meinung nach können Kinder unter 16 diese Systeme nicht souverän nutzen. Sie vertrauen Maschinen blind, weil die niemals enttäuschen. Das klingt harmlos, ist es aber nicht. Roboter und Chatbots sind für sie verlässlichere Partner als echte Menschen – das zeigen Experimente mit Vorschulkindern.[41] Das Problem ist nicht, dass Kinder durch KI dumm werden. Das Problem ist, dass sie lernen, dass es sich nicht lohnt, die Anstrengung zu unternehmen, selbst zu Denken.

Wenn Kinder verlernen, selbst zu denken, muss Regulierung her – und genau das geschieht anderenorts schon: Australien will Social Media für unter 16-Jährige verbieten. Frankreich geht noch weiter: Plattformen müssen das Alter prüfen oder die Zustimmung der Eltern nachweisen – ein Gesetz, das es in Deutschland bislang nicht gibt. Großbritannien prüft harte Zeitlimits. Es geht hier nicht darum, Kinder in Watte zu packen, sondern ihnen Zeit zu geben, ihre Persönlichkeit zu entwickeln.

Wir geben Kindern ja auch keinen Alkohol, um ihnen so beizubringen, verantwortungsbewusstes Verhalten zu lernen – wir warten, bis sie alt genug sind, Wirkung und Risiko zu verstehen. Warum also nicht auch bei Social Media oder KI? Erst verstehen, dann konsumieren.

Deshalb fordere ich, dass KI-Tools und Social-Media-Plattformen wie TikTok und Instagram Kindern erst ab 16 uneingeschränkt zugänglich gemacht werden dürfen. Davor? Nur begleitet, reflektiert, kritisch. Schulen sollten lehren, wie KI funktioniert – statt sie zum heimlichen Ersatzlehrer zu machen.

Eltern sollten sich einmischen, statt die Verantwortung an Apps abzugeben.

Es geht hier nicht um Panik. Es geht darum, den Kindern ihre Kindheit und ihr kindliches Denken zu lassen. Wer nicht versteht, dass Vertrauen in Algorithmen schnell zu festem Glauben an die Unfehlbarkeit wird, überlässt die Erziehung bald Systemen, die weder Wahrheit noch Absicht unterscheiden. Dann werden aus neugierigen Köpfen keine freien Denker, sondern gut trainierte Papageien – oder schlimmer: gläubige, leicht manipulierbare Maschinenjünger.

Sie glauben vielleicht, ich übertreibe. Ich habe eine kleine, aber wirksame Übung für Sie, die jeder sofort an sich selbst ausprobieren kann: Beim nächsten Abendessen, beim Plausch in der Küche oder bei einem Meeting – garantiert fällt Ihnen da ein Name, ein Datum oder irgendein Fakt nicht ein. Und jetzt kommt der Punkt: Greifen Sie nicht sofort reflexartig zum Handy. Öffnen Sie nicht Google. Fragen Sie nicht ChatGPT oder sonst eine KI. Lassen Sie es einfach mal stehen. Halten Sie diesen Moment aus.

Das klingt banal, aber es ist ein faszinierender Selbstversuch. Unser Gehirn, das sonst in Sekundenbruchteilen die Suchmaschine als externe Festplatte nutzt, wird plötzlich gezwungen, wieder selbst zu arbeiten. Was passiert? Zuerst kommt Ungeduld. Dann Ärger. Dann dieses Kribbeln, wenn die Erinnerung sich langsam durch das Dickicht der Hirnlappen schiebt. Vielleicht taucht die Antwort auf, vielleicht auch nicht. Aber genau dieses *vielleicht* ist so wertvoll.

Denn wir verlernen gerade, dass Denken auch Anstrengung bedeutet. Dass das Ringen um einen Gedanken nicht Zeitverschwendung ist, sondern ein Training für den Hirnmuskel. Früher war das normal, da blieb einem oft gar nichts anderes übrig, als die Erinnerung zu durchforsten oder jemanden zu fragen. Und auch diese menschliche Interaktion ist wichtig: Wer könnte das wissen? Frage ich meinen Freund, meinen Vater, meine Mutter? Wie formuliere ich die Frage, damit mein Gegenüber auch versteht, wonach ich suche?

Heute leben wir in einer Kultur des sofortigen Wissenkönnens. Jede Lücke wird in Sekunden geschlossen. Das macht bequem, aber es macht auch träge.

Halten Sie das Nichtwissen aus. Spüren Sie, was da passiert. Werden Sie unruhig? Fühlen Sie sich kurz «dumm», weil die Antwort nicht sofort da ist? Das gehört zum Lernen! Das ist der Muskelkater des Gehirns. Wenn Sie es schaffen, diesen kleinen Moment nicht mit Technik zu füllen, trainieren Sie etwas, das in einer Welt voller KI immer wertvoller wird: die Fähigkeit, selbst nachzudenken – auch wenn es schwerfällt.

Und manchmal, nach ein paar Minuten oder Stunden, kommt der gesuchte Name ganz von selbst zurück. Das ist dann kein Google-Ergebnis, sondern Ihr eigenes. Und das fühlt sich verdammt gut an.

Sei dabei! Lerne! Ermächtige dich!

Noch tut der Staat nichts, um seine Bürger:innen zu ermutigen, sich mit KI auseinanderzusetzen. Noch müssen wir uns intrinsisch motivieren. Und das gilt nicht nur für die junge Generation, sondern für uns alle. Gerade für die älteren, deren Jobs womöglich bedroht sind. Aber wo fängt man an, wenn man sich ernsthaft mit Werkzeugen der sogenannten «künstlichen Intelligenz» beschäftigen will? Die erste Frage sollte auf jeden Fall nicht lauten – und das meine ich völlig ernst: «Welches Tool ist das beste?» Sondern: «Was interessiert mich eigentlich wirklich?» Denn es bringt nichts, sich durch endlose Midjourney-Tutorials zu quälen, wenn man eigentlich ein Mensch ist, der keine Bilder im Kopf hat. Midjourney-Tutorials sind kein Ersatz für Neugier. Wer Lust hat, Bildsprache zu entdecken, kann mit

**WIR LEBEN IN
EINER KULTUR DES
SOFORTIGEN
WISSENKÖNNENS**

KI viel lernen – aber nicht, wenn er ohne Interesse nur Knöpfe drückt. Wer sich auf die Ästhetik einlässt, entdeckt vielleicht zum ersten Mal, wie Licht oder Komposition wirken. Wer allerdings grafisches Denken schon mitbringt, wer weiß, was ein Goldener Schnitt ist oder wie Licht fällt, kann mit Tools schneller besser werden.

Gleiches gilt für Sprache: Wer sich für Text begeistert, wer liest, schreibt, denkt, reflektiert – der wird mit einem Sprachmodell wie ChatGPT oder Claude etwas anfangen können. Der wird es nutzen können, um Ideen zu strukturieren, Perspektiven zu wechseln, stilistische Experimente zu wagen oder Inhalte für verschiedene Zielgruppen zu adaptieren. Wer aber nie geschrieben hat, für den wird auch ChatGPT keine Muse sein. Dann wird es halt ein uninspirierter, mittelguter Marketingtext – wie man sie tausendfach auf LinkedIn liest. Die meisten nutzen solche Systeme ohnehin nur als externe Festplatte – zum Nachschlagen, Zusammenfassen, Sortieren. Als Google mit Grammatik. Dass man mit denselben Werkzeugen auch denken, experimentieren, gestalten kann, sehen noch die wenigsten.

Das ist übrigens ein schöner Übergang zu Max Mundhenke. Ein schlauer Kopf, der mal ganz nebenbei 100 eigene kleine KI-Assistenten («GPTs») – also spezialisierte Chatbots – in 100 Tagen gebaut hat – ja, hundert. Ein Projekt zwischen Wahnsinn, Nerdtum und ernsthaftem Forscherdrang. Darunter auch der inzwischen fast schon legendäre «Opinion Leader Bullshit Generator». Drei Begriffe eingeben – sagen wir: «Waschmaschine, Purpose, Transformation» – und zack, ein vollwertiger LinkedIn-Post erscheint, in dem eine kaputte Waschmaschine plötzlich zum Sinnbild für das innere Wachstum im digitalen Zeitalter wird. Inklusive Hashtag-Ketten und pseudotiefer Einsichten. Herrlich. Und bitter. Weil es uns gnadenlos den Spiegel vorhält.

Aber Max wäre nicht Max, wenn er es bei der Satire belassen würde. Er hat in seinem 100-Tage-Experiment nicht nur Humor bewiesen, sondern auch Handwerk, Systemverständnis und eine klare Haltung zur Frage: Was kann KI eigentlich leisten – und was davon ist wirklich sinnvoll? Unter seinen GPTs waren nicht nur Quatschbots, sondern auch hilfreiche Tools: ein Aufmunterungs-Bot, ein Generator für Wahlentscheidungsargumente, ein Interviewtrainer – kleine Tools, gebaut mit No-Code-Logik (also aus einem Baukastensystem, bei dem man Anwendungen zusammenklickt statt programmiert), aber großer Wirkung.

Was ich an Max besonders schätze: Er baut nicht einfach nur irgendwas. Er denkt nach. Hinterfragt. Auch die ethische Seite. Als er merkte, dass sein Boomer-Facebook-Post-Bot Gefahr lief, latent hetzerische Inhalte zu reproduzieren, hat er das nicht unter den Tisch gekehrt, sondern offen reflektiert. Kein «Huch, das war die KI», sondern «Okay, da müssen wir ran». Verantwortung eben – auch im Kleinen.

Max zeigt: Wer mit Neugier, Spieltrieb und einem gewissen Maß an gesundem Tech-Zynismus an diese Tools herangeht, der kann tatsächlich etwas schaffen. Nicht nur Content. Nicht nur Output. Sondern Werkzeuge, die etwas bewegen können – kreativ, gesellschaftlich, manchmal auch ganz praktisch.

Und genau hier wird es interessant. Denn während wir alle über KI-Dominanz diskutieren, passiert etwas Kurioses: Menschen fangen an, die KI zu überraschen. Auf eine Art, die sie definitiv nicht erwartet hat.

Da bastelt jemand einen Prompt, der ChatGPT dazu bringt, spontan Gedichte im Stil von Bauanleitungen zu schreiben. Ein anderer entdeckt, dass man Midjourney mit völlig absurden Kombinationen zu den interessantesten Bildern bringen kann – «viktorianischer Staubsauger im Stil einer Monet-Seerose». Wieder jemand anders programmiert einen Bot, der andere Bots verwirrt, indem er ihnen Komplimente über ihre nicht vorhandenen Haare macht.

Das Schönste daran: Die KI kann all das (fast) perfekt umsetzen – aber sie hätte es nie selbst vorgeschlagen. Sie braucht den menschlichen Wahnsinn, die schrägen Einfälle, die Lust am Unsinnigen. Während KI immer wahrscheinlichere Antworten gibt, bringen Menschen die unwahrscheinlichsten Fragen mit.

Das ist vielleicht die beste Nachricht überhaupt: KI macht uns nicht überflüssig – sie macht uns unberechenbarer. Und das ist gut so.

Viele Leute gehen mit den Tools um, als wären sie Google. Prompt rein, fertig. Aber das ist, als würde man einem Spitzenkoch sagen: «Mach mal was Geiles mit Kartoffeln.» Da kommt nicht das bei heraus, was du dir vorgestellt hast. Der Koch wird mehr Input brauchen. Und genau so muss man auch KI fragen: «Was brauchst du von mir, um mir wirklich helfen zu können?» Wer so fragt, wird deutlich bessere Ergebnisse bekommen. Wer das nicht tut, bekommt das, was die KI für den Durchschnitt hält – und Durchschnitt war nie Inspiration.

Ich habe inzwischen viele Schulungen zu KI gegeben – für Produktionsfirmen, Fernsehanstalten, Agenturen. Und ich sage es ganz offen: In dem Moment, wo ich den Raum verlasse, ist das, was ich erzählt habe, schon wieder veraltet. Warum? Weil sich diese Systeme wöchentlich ändern. Neue Funktionen, neue Versionen, neue Interfaces. Wer sich heute mit Midjourney Version 7 beschäftigt, wird nächste Woche schon wieder umlernen müssen. Es ist wie ein Betriebssystem, das sich ständig neu erfindet – und das ist kein Bug, kein Fehler, das ist das Konzept.

Und ja, ich weiß, es gibt Schulungen für «KI-Manager», die zwei Wochen dauern, Tausende Euro kosten und wo man am Ende ein Zertifikat in die Hand gedrückt bekommt, das sich gut im Rahmen über dem Schreibtisch macht – aber am Ende nicht mal das Papier wert ist, auf dem es gedruckt wurde. Ja, eventuell ist die Lernmethode oder der Kursanbieter sogar IHK-zertifiziert – das heißt aber erst mal nichts. Viele dieser Angebote sind moderner Nepp. Ich habe eine Freundin, die auf so ein KI-Seminar geschickt wurde. Das Ganze als Zoom-Call – bequem von zu Hause. Klingt gut. Nur: Die erste Hälfte des ersten Tages war ein oberflächlicher Überblick über Tools und was man alles lernen würde. Und die zweite Hälfte? Upselling eines 4000-Euro-Kurses mit Hinweisen, wie man sich den vom Arbeitsamt finanzieren lassen könne. «Ihr müsst schnell sein – das Angebot für 2800,– EUR gilt nur heute ...» Das ist keine Weiterbildung. Das ist ein Jürgen-Höller-Seminar-Pyramiden-Scam.

Deswegen rufe ich an dieser Stelle zum Selbststudium auf. Nicht als Option, sondern als Pflicht. Wer sich ernsthaft mit KI-Tools auseinandersetzen will – egal ob in Text, Bild, Audio oder Video –, der wird nicht umhinkommen, sich selbst permanent auf dem Laufenden zu halten. YouTube, Discord, Reddit, Newsletter, Twitter (oder wie es heute heißt): Das ist eure Universität. Und ja, das ist Arbeit. Und ja, das nervt. Aber es ist die einzige Möglichkeit, nicht den Anschluss zu verlieren.

Ich könnte jetzt wieder aufzählen, mit welchen Tools ich arbeite – aber das wäre nur Namedropping. Wichtiger ist, dass keines dieser Systeme für sich allein funktioniert. Es geht um den Dialog dazwischen, nicht um die Software. Und ich kenne niemanden, der das professionell tut und sich auf ein Tool verlässt. Es ist immer eine Orchestration. Ein Zusammenspiel von mindestens drei bis fünf verschiedenen Werkzeugen – von Prompt zu Stil, von Komposition zu Korrektur. Und alle Systeme und Programme entwickeln sich weiter. Wer heute ein Projekt startet, hat nächste Woche neue Möglichkeiten. Das ist kein Defizit. Das ist die Realität. Und es ist auch der Grund, warum diese ganze «Zertifizierungsmaschinerie» so schräg ist. Denn Wissen ist nur dann Macht, wenn es frisch ist.

Noch etwas, das mir wichtig ist: Nur weil Sie auf dem Laufenden bleiben und wissen, wie die Tools heißen, macht Sie das noch nicht zu einem KI-Profi. Wer einfach nur Prompts kopiert, lernt nichts. Es braucht Neugier, Lust am Ausprobieren, diesen kleinen Funken Spielfreude. Entweder Sie haben ihn – oder Sie müssen ihn sich zurückholen.

Die besten Ergebnisse entstehen nicht aus Routine, sondern aus Spieltrieb. Aus dem Moment, in dem Sie selbst überrascht werden – von einem Bild, einem Satz, einer Idee. Wenn Sie spätabends noch einmal etwas verändern, weil Ihnen ein Gedanke gekommen ist – genau dann beginnt die Magie. Anfangs wird vieles scheitern, ja. Aber wenn Sie weitermachen, wenn Sie Ihren eigenen Stil entwickeln, wenn Sie sich trauen, vom Vorgegebenen abzuweichen – dann wird es irgendwann groß.

Es ist der Funke, der zählt. Diese Mischung aus innerer Neugier, Experimentierlust und dem Wunsch, wirklich etwas zu erschaffen – nicht nur auf Knopfdruck, sondern mit Haltung. Der Funken, der einen nachts nicht schlafen lässt, weil man noch «eine letzte Version» probieren will. Der Funken, der einem zeigt: Hier entsteht gerade etwas. Nicht perfekt. Nicht endgültig. Aber neu. Und das reicht für den Anfang.

Denn am Ende ist es ganz einfach: Die KI kann alles – aber sie kann nicht überraschen. Das können nur Sie. Also überraschen Sie. Überraschen Sie sich selbst. Und vor allem: Haben Sie Spaß dabei.

Das ist wahrscheinlich das Wichtigste überhaupt: der Spaß. Denn ohne Spaß wird das alles nur Arbeit. Und Arbeit macht keiner gerne ewig. Aber Spielen? Das machen wir alle gerne. Ein Leben lang.

Das staatlich geförderte Selbststudium – fördern statt zertifizieren

Sich intrinsisch motivieren und weiterbilden – gut und wichtig. Arbeitgeber, die ihre Angestellten zu Fortbildungen zum Thema KI schicken – nicht verkehrt. Aber was wäre, wenn wir das ganze Bildungskarussell mal anhalten – und einfach fragen: Wie könnten wir unsere Gesellschaft eigentlich am besten im Umgang mit KI schulen und uns zukunftsfit machen?

Nicht die nächsten 18 Studiengänge für «KI und Ethik» aus dem Boden stampfen, die erst 2029 starten, mit Curriculum von 2023. Nicht die fünfte EU-Richtlinie für Regulierung schreiben, die am Ende wieder keiner liest – aber alle behindert. Stattdessen etwas tun, das tatsächlich hilft. Das die Leute dort abholt, wo sie gerade stehen: zwischen Neugier und Überforderung. Zwischen YouTube-Tutorials und LinkedIn-Panik. Zwischen Begeisterung und der schlichten Frage: Wie fange ich das an?

Die Antwort lautet: Selbststudium. Und zwar nicht als Randnotiz oder Hobbylösung – sondern als zentrales Element einer digitalen Bildungsstrategie. Wenn das nach Bullshit-Bingo klingt, dann haben Sie mich missverstanden.

Denn ich meine es ernst.

Die Revolution, die da gerade anrollt – nennen wir sie ruhig KI-Zeitenwende –, ist nicht wissenschaftlich geplant, sondern praktisch getrieben. Die klügsten und kreativsten Menschen, die ich im Bereich KI getroffen habe, haben keine formale Ausbildung in dem Bereich. Sie haben keine Credits gesammelt, keine Master-Thesis abgegeben, keinen DIN-zertifizierten «KI-Manager»-Kurs besucht.

Sie haben sich alles selbst beigebracht. Durch Neugier. Durch Spielen. Durch Fehler. Durch stundenlanges Googeln. Durch eine Mischung aus Begeisterung und Frustration – und manchmal einer Prise Größenwahn. Und das ist keine Schwäche. Das ist eine Stärke. Eine, die dieses Land bitter nötig hat.

Denn wenn wir ehrlich sind: Die Menschen, die mit KI heute wirklich etwas anfangen können, sitzen nicht in Amtsstuben. Sie sitzen an Küchen- oder Coworking-Tischen. Sie haben sich reingefuchst, weil sie nicht anders konnten. Und sie wären zehnmal schneller gewesen, wenn es dafür eine echte, kluge, unbürokratische Förderung gäbe.

Stellen wir uns vor, es gäbe ein Programm, das genau diese Form des Lernens ernst nimmt. Das die Leute nicht einfach beschäftigen will, sondern wirklich das Ziel im Blick hat. Keine standardisierten Lehrpläne, keine Multiple-Choice-Tests – sondern individuelle Wege, begleitet und unterstützt.

1. Zeit zum Lernen

Nicht jeder kann es sich leisten, mal eben den Job zu pausieren, um sich intensiv Midjourney, ChatGPT, Runway oder ElevenLabs reinzuziehen. Deshalb braucht es finanzielle Unterstützung. Ein Stipendium, das nicht fragt, ob man studiert hat, sondern ob man wirklich lernen will.

2. Zugang zu relevanten Tools

Die meisten ernsthaften KI-Tools kosten Geld. Wer generative Bild-KI nutzen will, braucht Credits. Wer Sprach-KI wie ChatGPT effektiv einsetzen will, braucht Plus-Versionen, API-Zugänge, Testumgebungen. All das könnte ein Teil des Programms sein – ein richtiger Werkzeugkoffer. Je nachdem, womit man sich beschäftigt, gibt es Programme, mit denen man sich auskennen muss. Das Stipendium macht sie zugänglich.

3. Begleitung statt Kontrolle

Statt Schulungen, in denen standardisiertes Wissen abgefragt wird, aber der Dozent selbst bei jeder weiterführenden Frage googeln muss, braucht es Mentoring. Austausch. Discords. YouTube-Empfehlungen. Die besten Quellen kommen ohnehin nicht von «oben», sondern von denen, die es gerade selbst tun. Hier bekommt man die Zeit, sich nach guten Quellen umzusehen und sich zu vernetzen.

4. Ergebnis statt Examen

Am Ende gibt es kein Zeugnis. Sondern ein Ergebnis. Ein Projekt. Ein Portfolio. Wer Midjourney lernt, zeigt eine Prompt-Reihe mit Erklärung zu dem Stil und den Motiven, die entwickelt wurden. Wer ChatGPT nutzt, zeigt ein selbst gebautes GPT oder ein automatisiertes System. Wer mit Video-KI experimentiert, schneidet vielleicht einen Musikclip – oder baut eine komplett AI-generierte Marke. Hauptsache: eigenständig, kreativ, sichtbar.

5. Konkret: Wer? Wie viel? Wann?

10 000 Teilnehmer pro Jahr. Sechs Monate Förderung. 1200 Euro Stipendium plus 200 Euro Tools. Das sind 8400 Euro pro Person. 84 Millionen Euro insgesamt.

Die Förderung lässt sich flexibel gestalten: Angestellte können ihre Arbeitszeit reduzieren, Selbstständige oder Freischaffende arbeiten projektbasiert – neben dem laufenden Geschäft.

Klingt nach viel? Ist es nicht. Das ist weniger, als Deutschland für die gleiche Anzahl an Arbeitslosen als Hilfe ausgibt. Oder für die Förderung erneuerbarer Energien – pro Monat. Das ist ein Bruchteil dessen, was wir für Infrastrukturmaßnahmen ausgeben – pro Woche.

6. Und die Rendite? Unbezahlbar

Diese 10 000 Menschen werden nicht einfach verschwinden nach dem Programm. Sie werden gründen. Arbeiten. Lehren. Inspirieren. Sie werden zu Multiplikatoren einer neuen Art zu lernen. Zu Botschaftern einer neuen Art zu denken.

Niemand muss dafür den Job aufgeben. Die Förderung soll Freiraum schaffen – für Teilzeit, Projektarbeit oder schlicht die Zeit, ein eigenes Vorhaben weiterzudenken.

Die inhaltlichen Kriterien und Ziele müssten gemeinsam mit Expertinnen und Experten aus Wirtschaft und Politik entwickelt werden. Bewerben kann sich dann jede und jeder mit einer konkreten Idee. Bei der Auswahl wird auch geprüft, ob sich die Teilnahme praktisch umsetzen lässt – etwa durch Teilzeitmodelle oder eine zeitweise Freistellung.

WIR BRAUCHEN EINE GESELLSCHAFT, IN DER ES NORMAL IST, SICH AUTODIDAKTISCH WEITERZUBILDEN

Warum denke ich, dass es diese Art von gefördertem Selbststudium unbedingt braucht, damit wir als Gesellschaft die KI-Welle reiten können? Weil das, was gerade passiert, zu groß ist, um es zu ignorieren. Und zu schnell, um auf offizielle Bildungswege zu warten.

Wir brauchen eine Gesellschaft, in der es normal ist, sich autodidaktisch weiterzubilden. Wo Menschen nicht sagen: «Ich kann das nicht», sondern: «Ich lerne das gerade.» Und wo dieser Satz nicht als Notlösung klingt – sondern als Auszeichnung.

Gerade in Deutschland – wo alles normiert, geregelt, geprüft sein muss – braucht es diesen Bruch. Ein kleines Chaos. Das ist keine Utopie. Das ist notwendig.

Wenn Europa eine Rolle spielen will im KI-Zeitalter – nicht nur als Regulierer, sondern als Macher –, dann müssen wir lernen, mit den Köpfen und Herzen hier zu arbeiten. Mit ihrer Neugier. Ihrem Können. Ihren Talenten. Ihrem Mut.

Nicht alle werden prompten wie Profis. Nicht alle werden am Ende Tools wie Orchester dirigieren können. Aber alle werden die ersten Schritte in die Zukunft gemacht haben. Wenn man sie lässt. Wenn man sie nicht mit Bürokratie zuballert oder mit zweiwöchigen 4000-Euro-Kursen verarscht.

Fördern wir das Selbststudium. Fördern wir Menschen, die brennen. Und hören wir auf, so zu tun, als wäre Lernen nur dann wertvoll, wenn es am Ende ein Zertifikat dafür gibt.

Die nächste große KI-Innovation wird wahrscheinlich nicht in einem Seminarraum entstehen. Sondern nachts. In einem Kinderzimmer in Bremen. Oder auf einer Alm in den Alpen.

In diesen stürmischen Zeiten braucht es vielleicht genau das: Raum, Zeit, Tools – und einen Staat, der nicht belehrt, sondern vertraut.

Wenn wir das hinkriegen, dann werden wir nicht nur KI verstehen. Dann werden wir sie gestalten.

9

Die neue Angst – Menschen ohne KI

Immer öfter ertappe ich mich dabei, dass mich nicht die KI selbst beunruhigt, sondern der Gedanke, was passiert, wenn ich sie nicht mehr benutze. Diese Angst ist neu – und ich bin nicht der Einzige, der sie spürt: Es ist nicht mehr die Angst vor der KI, der uns umtreibt. Es ist die Angst, ohne sie leben zu müssen. Die Angst, dass wir die Tools, die uns längst zur Verfügung stehen, nicht nutzen. Dass wir auf menschliche Intuition vertrauen, obwohl belegbar ist, dass Maschinen in vielen Situationen schneller, präziser und damit sicherer reagieren.

Ich mache es mal ganz konkret: Wenn ich meine Kinder in ein Auto setze – dann will ich, dass dieses Auto über die besten Assistenzsysteme verfügt. Abstandshalter. Notbremsassistent. Spurhaltehilfe. Künstliche Intelligenz eben.

Lassen Sie mich das mit einem persönlichen Beispiel verdeutlichen: Neulich war ich mit meinem Freund unterwegs, der noch mit einem älteren Auto ohne moderne Assistenzsysteme fährt. Eine Katze lief auf die Straße. Er bremste, aber nicht rechtzeitig. Das Tier wurde leicht verletzt.

Später sagte er: «Mit einem Notbremsassistent wäre das nicht passiert.» Er hatte recht. Die Technik hätte schneller reagiert als er. Natürlich kann man argumentieren: Es war nur eine Katze. Aber was wäre gewesen, wenn es ein Kind gewesen wäre?

Das ist der Punkt: Wir haben die Technologie, Leben zu retten. Unfälle zu verhindern. Fehler zu reduzieren. Aber wir nutzen sie nicht konsequent, weil wir noch in alten Denkmustern verhaftet sind.

Doch das ändert sich langsam. Ich kenne sogar Leute, die, wenn sie sich ein Uber buchen, darauf achten, dass das Fahrzeug über bestimmte Systeme verfügt. Weil es einen Unterschied macht. Einen messbaren.

Zahlen? Laut dem amerikanischen Insurance Institute for Highway Safety konnten automatische Notbremssysteme (AEB) in Pick-ups die Zahl schwerer Auffahrunfälle um 77 Prozent senken. Bei normalen Pkw lag der Rückgang bei Kollisionen mit Verletzungen bei rund 50 bis 56 Prozent. Die American Automobile Association (AAA) hat 2024 ermittelt: In einem Notbremstest bei Stadtgeschwindigkeit (bis 56 km/h) kollidierte kein einziges Fahrzeug mit AEB – ältere Systeme dagegen in der Hälfte der Fälle.[42]

Und trotzdem höre ich oft: «Ich vertraue meiner Erfahrung.» Oder: «Ich fahr seit dreißig Jahren Auto, ich brauche keinen Computer.» Dahinter steckt meist weniger Technikfeindlichkeit als ein seltsames Bedürfnis nach Kontrolle. Wir wollen, dass das Auto sicher ist – aber bitte, weil wir es fahren, nicht weil es uns schützt. Kaum jemand würde sagen: «Mein Wagen denkt schneller als ich» – obwohl es stimmt. Wir erwarten Sicherheit, aber keine Überlegenheit. Ein Auto soll sich verlässlich anfühlen, nicht überlegen. Es darf uns helfen, aber nicht bevormunden.

Das Gleiche gilt für viele andere Bereiche, in denen Entscheidungen unter Stress oder Zeitdruck getroffen werden: Wir trauen lieber unserer Routine als einer Maschine, selbst wenn die Statistik längst eindeutig ist. Beim Bremsen, bei der Diagnose im Krankenhaus oder beim Börsenhandel – die KI kann es besser.

Ein anderes Beispiel ist die zivile Luftfahrt. Im zivilen Cockpit sind Assistenzsysteme längst Standard – Autopilot, Terrain- und Wettersensoren, sogar Systeme zur Müdigkeitserkennung. Moderne Flugzeuge fliegen oft bereits weit mehr «automatisch», als man glaubt. Und auch hier: Die Daten zeigen, dass automatisierte Systeme bei Routineproblemen und kritischen Abweichungen schneller reagieren als der Mensch.

2023 veröffentlichte die Embry-Riddle Aeronautical University eine Studie, nach der Pilot:innen mit KI-gestützter Assistenzsystematik bessere Entscheidungen trafen, weniger Fehler machten – und sich gleichzeitig weniger gestresst fühlten.[43] Die Maschine wird nicht müde, kennt keine Egos, keine Ablenkung. Sie macht ihren Job.

Bei Tests der US-Forschungsbehörde DARPA im Jahr 2020 haben KI-gesteuerte Systeme in Simulationskämpfen regelmäßig menschliche Pilot:innen geschlagen – nicht aus Bosheit, sondern weil sie schneller rechnen, konsequenter entscheiden und nicht zögern. Das mag nicht direkt auf den zivilen Linienflug übertragbar sein – aber das Grundprinzip ist klar: Wer KI als Co-Pilot akzeptiert, fliegt besser.

Was mich daran fasziniert – und auch beunruhigt –, ist der Reflex, nach wie vor auf die Fehler der Systeme zu schauen. Nicht auf das, was sie schon alles können. Nicht auf die Menschenleben, die sie potenziell retten können. Sondern: «Guck mal, was will der Spurassistent jetzt schon wieder?»

Das ist fast eine psychologische Abwehrhaltung. Vielleicht, weil wir damit besser begründen können, dass wir ja doch noch gebraucht werden. Dass unsere Intuition zählt. Dass wir überlegen sind.

Nur: Irgendwann wird die Nutzung von KI eine Frage der Verantwortung. Wenn ein System sicherer agiert als ich – warum sollte ich es dann nicht einsetzen? Warum vertraue ich darauf, dass mein Gefühl eine bessere Entscheidung trifft als ein millionenfach trainiertes neuronales Netz?

WIR ERWARTEN SICHERHEIT, ABER KEINE ÜBERLEGENHEIT

Safe.

Medizin, Pflege, Verkehr – überall das gleiche Muster.

Ob ich bei einer Krebsdiagnose lieber einer erfahrenen Ärztin vertraue oder einer Ärztin, die zusätzlich eine KI nutzt, um MRT-Bilder zu analysieren? Ich nehme beides – Intuition und Algorithmus. Das eine schließt das andere nicht aus – im Gegenteil. Das ist die Zukunft: Kooperation statt Konkurrenz.

Radiologische KI-Systeme erkennen bestimmte Krebsarten heute bereits sicherer als erfahrene Radiologen. Das ist keine Science-Fiction, das ist Realität. Das gilt etwa für die Hautkrebserkennung. In anderen Bereichen ist die Technik noch nicht so weit, aber die Fortschritte werden in den nächsten Jahren immens sein.

Die Frage ist dann: Ist es noch ethisch vertretbar, diese Systeme *nicht* zu nutzen? Wenn eine KI in der Lage ist, einen Tumor zu erkennen, den ein menschliches Auge übersieht – trägt dann der Arzt, der KI nicht nutzt, die Verantwortung, wenn der Krebs ausbricht?

In der Notfallmedizin gibt es bereits Diskussionen darüber, ob Ärzte KI-Unterstützung nutzen müssen, wenn sie verfügbar ist. Wenn ein System in der Lage ist, eine Sepsis früher zu erkennen als ein müder Arzt um drei Uhr nachts – ist es dann fahrlässig, das System nicht zu verwenden?

In der Finanzbranche werden Kreditentscheidungen längst teilweise von Algorithmen getroffen. Nicht weil sie «menschlicher» sind, sondern weil sie konsistenter sind. Sie haben keinen schlechten Tag, sie sind nicht voreingenommen durch persönliche Erfahrungen, sie urteilen nicht nach Sympathie. Natürlich kann auch eine Maschine unfair sein. Nur sie weiß es nicht, es stecken keine niederen Motive dahinter. Und genau das ist der Unterschied. Menschliche Vorurteile verstecken sich hinter Begriffen wie Erfahrung oder Intuition – algorithmische dagegen sind sichtbar, überprüfbar, korrigierbar. Die Verantwortung bleibt trotzdem bei uns.

Im Rechtswesen experimentiert man mit KI-Systemen, die bei der Analyse von Präzedenzfällen helfen. Nicht um Richter zu ersetzen, sondern um sicherzustellen, dass keine relevanten Fälle übersehen werden.

Die wirklich neue Angst ist also: dass Menschen sich nicht helfen lassen, von Tools, die uns besser machen. Und damit ein unnötiges Risiko eingehen. Für sich selbst. Oder schlimmer noch: für andere.

Das ist für mich der eigentliche Wendepunkt in dieser Debatte. Nicht: Wird die KI böse? Sondern: Wird es nicht bald als fahrlässig gelten, sie nicht zu benutzen?

Wir stehen vor einem ethischen Dilemma: Einerseits wollen wir menschliche Kontrolle und Verantwortung behalten. Andererseits haben wir Werkzeuge, die in spezifischen Bereichen nachweislich bessere Ergebnisse liefern als Menschen. Wo ziehen wir die Grenze?

Aber da ist noch etwas anderes: kultureller Widerstand. Wir wollen, dass es Menschen sind, die die wichtigen Entscheidungen treffen. Wir wollen spüren, dass da ein Mensch hinter steht, der Verantwortung übernimmt. Das ist verständlich, das ist menschlich.

Aber was ist, wenn dieser Wunsch nach menschlicher Kontrolle tatsächlich zu schlechteren Ergebnissen führt? Wenn er Leben kostet? Wenn er Unfälle verursacht, die vermeidbar gewesen wären? Nur damit wir im Falle eines Fehlers mit dem Finger auf eine konkrete Person zeigen können?

Es ist ein bisschen wie mit dem Aufzug. Früher gab es Aufzugführer, also Menschen, die den Aufzug bedienten. Als automatische Aufzüge aufkamen, hatten viele Menschen Angst: Wer trägt die Verantwortung, wenn etwas schiefgeht? Heutzutage ist es ähnlich: Viele sind froh, wenn KI den Papierkram übernimmt. Nach Tagen in der Warteschleife eines Mobilfunkanbieters ist es eben kein theoretisches Argument mehr, sondern ganz praktisch: Menschen sind nur begrenzt verfügbar, sie kennen sich nicht in jedem Bereich aus, und sie können je nach Hierarchie nicht alle Entscheidungen treffen. Ein KI-gestützter Algorithmus kann Anliegen schneller und effizienter abwickeln. Warum wir trotzdem auf den «Menschen in der Leitung» Wert legen, ist allein der Angst geschuldet, dass wir bei einem Fehler der KI nicht wissen, wie wir uns verhalten sollen. Das bedeutet: Wir müssen überall dort, wo KI eingesetzt wird, Beschwerde- und Einspruchswege sichern.

Der Flugverkehr ist vielleicht das beste Beispiel für die psychologische Blockade, die uns zurückhält. Moderne Verkehrsflugzeuge könnten technisch bereits vollständig automatisch starten und landen. Die Technologie ist da. Aber psychologisch sind wir nicht bereit dafür. Wir wollen, dass Piloten im Cockpit sitzen, auch wenn in Wirklichkeit bereits jetzt die meiste Zeit das Flugzeug selbstständig fliegt.

Aber die Entwicklung geht weiter, ob wir wollen oder nicht. Drohnen fliegen bereits ohne Piloten. Militärische Systeme operieren autonom. Darauf müssen wir uns einstellen und reagieren, wenn wir nicht den Anschluss verlieren wollen. Es ist also nur eine Frage der Zeit, bis diese Technologie auch im zivilen Bereich ankommt. Darauf sollten wir uns psychisch einstellen.

Die Frage ist nicht, *ob* Maschinen in bestimmten Bereichen besser sind als Menschen, sondern *wann* wir das akzeptieren. Und ob wir bereit sind, die Verantwortung für diese Entscheidung zu übernehmen: die Entscheidung, einem System das letzte Wort zu überlassen.

Die ethische Frage wird immer drängender: Haben wir nicht sogar die Pflicht, die besten verfügbaren Werkzeuge zu nutzen, wenn Menschenleben auf dem Spiel stehen?

In der Medizin ist das bereits ein Thema. Ärzte, die bewusst auf bessere Diagnosewerkzeuge verzichten, machen sich möglicherweise strafbar. In der Luftfahrt gibt es strenge Vorschriften, welche Systeme verwendet werden *müssen*. Im Straßenverkehr werden immer mehr Assistenzsysteme zur Pflicht.

Wir bewegen uns auf eine Welt zu, in der die Nichtnutzung von KI in kritischen Bereichen als Fahrlässigkeit betrachtet wird. Das ist keine Dystopie, das ist eine logische Konsequenz.

Damit entsteht eine neue Form von Verantwortung: die Verantwortung, die besten verfügbaren Werkzeuge zu nutzen. Nicht weil wir der Technik blind vertrauen sollen, sondern weil wir ein rationales Abwägen zwischen menschlichen und maschinellen Fähigkeiten schuldig sind.

Wir befinden uns in einer kritischen Phase: Die Angst vor der Nutzung von KI wandelt sich zu einer Angst vor der Nichtnutzung von KI und den daraus resultierenden Konsequenzen. Das ist ein fundamentaler Paradigmenwechsel. Und er zeigt: Die Diskussion über KI wird erwachsener. Weniger emotional, mehr rational. Weniger ideologisch, mehr pragmatisch.

Das ist gut so. Denn am Ende geht es nicht darum, wer oder was eine Entscheidung trifft. Es geht darum, dass es die beste verfügbare Entscheidung ist.

Meine Vision: eine Gesellschaft, die lernt statt verwaltet

Stellen Sie sich vor, es ist 2030. Deutschland ist nicht mehr das Land, das KI nur reguliert, sondern das Land, das sie gestaltet. Nicht weil wir die besten Unis haben oder die meisten Investoren, sondern weil wir etwas anderes gemacht haben: Wir haben den Menschen vertraut.

Vertraut darauf, dass sie lernen wollen. Dass sie experimen-

DIE FRAGE IST NICHT,
***OB** MASCHINEN IN*
BESTIMMTEN BEREICHEN
BESSER SIND ALS
MENSCHEN, SONDERN
***WANN** WIR*
DAS AKZEPTIEREN

tieren können. Dass sie mit den richtigen Werkzeugen und ein bisschen Zeit Dinge schaffen, die niemand für möglich gehalten hätte.

Das ist keine Fantasie. Das ist eine Entscheidung.

In dieser Zukunft ist Selbststudium keine Notlösung mehr, sondern ein Gütesiegel. «Ich hab's mir selbst beigebracht» ist kein entschuldigender Nachsatz, sondern ein Zeichen von Mut, Neugier und Innovationskraft. Menschen werden nicht mehr gefragt, wo sie studiert haben, sondern was sie erschaffen haben.

Der 19-Jährige aus Gelsenkirchen, der sich KI-Musikkomposition selbst beigebracht und damit einen Grammy gewonnen hat. Die 45-jährige Altenpflegerin aus Dresden, die ein KI-System entwickelt hat, das Demenzkranken dabei hilft, sich zu erinnern. Der Gymnasiast aus Rostock, der mit selbst erlernten Prompt-Techniken ein Start-up aufgebaut hat, das heute in zwölf Ländern aktiv ist. Ich sehe den Bäcker aus Freiburg, der ein selbst gebautes KI-System nutzt, um Teiggärung und Energieverbrauch zu optimieren – und inzwischen andere kleine Betriebe berät. Oder die alleinerziehende Mutter aus Wien, die mit selbst erlernten KI-Workflows ihren Etsy-Shop professionalisiert hat – und damit genug verdient, um ihre Arbeitszeit zu reduzieren.

Alle gefördert durch das staatliche Selbststudium-Programm. Alles Beispiele dafür, was passiert, wenn man Menschen nicht kontrolliert, sondern ermächtigt.

In dieser Zukunft ist Europa nicht mehr der Kontinent, der amerikanische und chinesische KI-Systeme ethisch bewertet, sondern der Kontinent, der eigene baut. Nicht aus Nationalstolz, sondern aus demokratischer Notwendigkeit.

Die europäische KI ist anders. Sie ist transparent, wo andere opak sind. Sie ist zugänglich, wo andere exklusiv sind. Sie ist menschenzentriert, wo andere profitgetrieben sind. Nicht weil wir das per Gesetz verordnet haben, sondern weil wir sie so gebaut haben.

Mit Menschen, die gelernt haben, kritisch zu denken. Die verstehen, wie diese Systeme funktionieren. Die wissen, wo die Knöpfe sind und warum sie so eingestellt sind, wie sie eingestellt sind.

In dieser Zukunft ist KI kein Mysterium mehr, sondern ein Werkzeug. Eins, das jeder verstehen und nutzen kann. Nicht weil alle Informatik studiert haben, sondern weil das Lernen selbst demokratisiert wurde.

Jede Stadtbibliothek hat KI-Arbeitsplätze. Jede Volkshochschule bietet Prompt-Kurse an. Jede Schule hat einen Maker-Space, in dem Kinder begleitet mit KI-Tools experimentieren können. Nicht als Pflichtfach, sondern als Spielplatz.

Und überall gibt es Menschen, die bereit sind zu helfen. Nicht als bezahlte Dozenten, sondern als Mentoren. Als Geschwister im Geiste. Als Teil einer Gemeinschaft, die verstanden hat: Wissen wird nicht weniger, wenn man es teilt. Es wird mehr.

In dieser Zukunft ist Scheitern erlaubt. Sogar erwünscht. Denn wir haben verstanden, dass Innovation aus Experimenten entsteht, nicht aus Perfektion. Dass die besten Ideen oft die sind, die anfangs verrückt klingen.

Deutschland hat aufgehört, jeder neuen Technologie erst mal mit Skepsis zu begegnen, zu prüfen, zu regulieren. Stattdessen fragen wir: Was können wir damit machen? Wie können wir es besser machen? Wie können wir es für alle zugänglich machen?

Das heißt nicht, dass wir naiv geworden sind. Wir sind kritischer denn je. Aber unsere Kritik ist fundiert, wir sind informiert. Denn in einer Welt, die sich schneller verändert als je zuvor, reicht es nicht mehr, nur zuzuschauen. Wer ständig auf der Bremse steht, erzeugt Reibung und Angst – und bremst damit nicht nur sich selbst, sondern die ganze Gesellschaft. Wir müssen lernen, mitzudenken, mitzudrehen, Neues auszuprobieren. Das bedeutet nicht blinden Fortschrittsglauben, sondern bewusste Bewegung: Neugier statt Furcht, Offenheit statt Abwehr. Kritik an neuen Systemen kommt von Menschen, die wissen, wovon sie reden. Die selbst programmiert, gepromptet und damit experimentiert haben. Die KI nicht fürchten, weil sie sie nicht verstehen. Sondern respektieren, weil sie wissen, was sie kann – und was nicht.

Deutschland ist zum Silicon Valley Europas geworden. Nicht durch Geld und Investitionen, sondern durch die Menschen, die sich auf eine neue Zeit eingelassen haben. Durch eine Bildungsrevolution, die von unten gekommen ist. Durch das Vertrauen in die Kraft des Selbststudiums.

Andere Länder schauen auf Deutschland und fragen: Wie habt ihr das gemacht? Wie habt ihr es geschafft, so schnell so viele Menschen zu befähigen?

Und die Antwort ist einfach: Wir haben ihnen vertraut. Wir haben ihnen Werkzeuge gegeben und sie machen lassen. Wir haben nicht kontrolliert, sondern ermöglicht.

Das deutsche Modell wird zum Exportschlager. Nicht deutsche Autos oder deutsche Maschinen, sondern deutsche Bildungsideen. Deutsche Art zu lernen. Deutsche Mentalität des Experimentierens. Das wäre so schön. Und eigentlich wäre das gar nichts Neues. Erfindergeist war doch mal unser Ding. Nicht nur die großen Theorien, sondern das Anpacken. Tüfteln, ausprobieren, verwerfen, neu denken. So ist hier alles entstanden – vom Buchdruck bis zum MP3-Player. Wir müssten uns nur daran erinnern. Nicht verwalten, sondern versuchen. Nicht regulieren, sondern zulassen, was entsteht, wenn man etwas wirklich will.

Diese Zukunft ist möglich, weil wir das bedingungslose Grundeinkommen eingeführt haben. Finanziert durch die Maschinensteuer. Menschen müssen nicht mehr jeden Job annehmen, nur um zu überleben. Sie können wählen. Sie können lernen. Sie können experimentieren.

Das BGE ist nicht das Ende der Arbeit, sondern der Beginn neuer Formen der Kreativität. Menschen haben Zeit zum Denken. Zeit zum Träumen. Zeit zum Ausprobieren.

Und aus dieser Zeit entstehen Innovationen, die niemand vorhersehen konnte. Projekte, die aus reiner Leidenschaft geboren wurden. Ideen, die die Welt verändern.

In dieser Zukunft ist KI nicht mehr das Privileg weniger Tech-Giganten, sondern ein Gemeingut. Öffentliche KI-Systeme konkurrieren mit privaten. Open-Source-Modelle sind genauso gut wie proprietäre.

Weil wir genug Menschen haben, die verstehen, wie diese Systeme funktionieren. Die sie verbessern können. Die neue bauen können.

KI ist zum ultimativen Demokratisierungs-Werkzeug geworden. Jeder kann ein Unternehmen gründen. Jeder kann ein Kunstwerk schaffen. Jeder kann ein Problem lösen.

Die Barrieren sind gefallen. Nicht durch Gesetze, sondern durch Bildung. Durch das Vertrauen in die Kraft des menschlichen Lernens.

Der Weg dorthin beginnt jetzt

Diese Zukunft ist nicht unvermeidlich. Sie passiert nicht von selbst. Sie muss gestaltet werden. Von uns. Jetzt.

Jeder kann anfangen. Mit einem YouTube-Tutorial. Mit einem kostenlosen Tool. Mit einer verrückten Idee und dem Mut, sie auszuprobieren.

Aber es braucht auch politischen Willen. Es braucht Investitionen. Es braucht den Mut, neue Wege zu gehen. Den Mut, Menschen zu vertrauen. Es braucht das staatlich geförderte Selbststudium. Es braucht die Maschinensteuer. Es braucht das bedingungslose Grundeinkommen.

DAS IST DIE ZUKUNFT – KOOPERATION STATT KONKURRENZ

Nicht als utopische Träume, sondern als konkrete Schritte in eine bessere Zukunft.

Am Ende läuft alles auf eine einfache Frage hinaus: Glauben wir an uns selbst? Glauben wir daran, dass Menschen lernen können, wenn man sie lässt?

Ich glaube das. Ich habe es gesehen. Bei Max Mundhenke. Bei Mieke Haase. Bei Tausenden anderen, die sich selbst beigebracht haben, was niemand sie hätte lehren können.

Das ist keine romantische Verklärung. Das ist Beobachtung gängiger Praxis.

Die Werkzeuge sind da. Die Menschen sind da. Es fehlt nur noch der politische Wille, beides zusammenzubringen.

Das staatlich geförderte Selbststudium ist keine Utopie. Es ist ein Investitionsprogramm. 84 Millionen Euro im Jahr – das ist weit weniger, als ein Kilometer der Stadtautobahn in Berlin kostet.

Die Maschinensteuer ist keine linke Spinnerei. Sie ist logische Konsequenz. Wenn Maschinen menschliche Arbeit ersetzen, müssen sie auch menschliche Steuern zahlen.

Das bedingungslose Grundeinkommen ist kein Sozialismus. Es ist Risikokapital für jeden. Die Chance, mal was auszuprobieren, ohne gleich zu verhungern.

KI wird kommen. Mit uns oder ohne uns. Die Frage ist nur: Gestalten wir sie, oder lassen wir es zu, dass sie uns gestaltet?

Der Funke ist da. Überall. In jedem YouTube-Tutorial, in dem jemand zeigt, wie Prompts funktionieren. In jedem Discord, in dem sich Leute über neue Tools austauschen. In jedem Experiment, das nachts um zwei in irgendeinem Kinderzimmer stattfindet.

Wir müssen ihn nur erhalten.

Es wird sich alles ändern. Das steht fest. Wie es sich ändert – das liegt an uns.

Und das ist gut so.

Outro

Wenn KI persönlich wird

Erinnern Sie sich an Harper aus der Einleitung? Das neunjährige Mädchen aus Portugal, das auf unserer Wanderung durch Sintra Prompts sammelte wie andere Kinder Steine oder Muscheln? Die mir mit ihrer selbstverständlichen Art, KI als Werkzeug zu nutzen, die Augen öffnete für das, was da auf uns zukommt?

Während ich dieses Buch schrieb, ist Harper plötzlich sehr krank geworden. Von heute auf morgen, nach einem vermeintlich harmlosen Infekt, konnte sie nicht mehr essen und trinken. Die Eltern schleppten sie von Arzt zu Arzt, ließen sie im Krankenhaus komplett durchleuchten. Nichts. Blutbild normal, kein Tumor, keine Auffälligkeiten. Die Ärzte wussten nicht, was los war.

Das Kind musste künstlich ernährt werden, wurde immer schwächer. Nach ein paar Wochen konnte Harper nicht mehr alleine laufen. Eine Woche später nicht mehr sitzen. Zwei weitere Wochen später waren die Arme und Hände dran. Begleitet war das Ganze von unerträglichen Schmerzen im Kopf, die wellenartig auf das Kind einbrachen. Schmerzstürme.

Die Ärzte – ratlos. Keine Idee, keine Diagnose. Kein Medikament, noch nicht einmal das stärkste Schmerzmedikament, wirkte. Das Nervensystem des Mädchens verhielt sich wie ein Alien.

Man vermutete ein Trauma hinter der Sache. Die Psychosomatik sollte ran.

Die Ärzte verließen sich allein auf ihr Wissen. KI kam nicht zum Einsatz. Das war vielleicht das Beängstigendste für die Eltern: zu erleben, wie sich die Mediziner ausschließlich auf persönliche Erfahrungen und das Studium stützten, in dem typische Fallgeschichten gelehrt werden. Während draußen in der Welt längst Werkzeuge existierten, die in Sekunden Millionen von Fallstudien aus allen möglichen Fachmagazinen durchforsten konnten. Die Ärzte arbeiteten, als gäbe es Google nicht. Als gäbe es keine vernetzten Datenbanken. Als wäre 2024 noch 1994.

Der Vater – derselbe Birger, der mir damals auf der Wanderung mit strahlendem Gesicht erklärt hatte, wie natürlich seine Tochter mit Midjourney umging – saß Nacht für Nacht am Rechner und nutzte KI, um zu verstehen, was mit seiner Tochter vorging.

Das Tool fand vergleichbare Fälle, Studien, mögliche Diagnosen. KI hatte Ideen, die die Ärzte nicht hatten. ChatGPT konnte sich allein auf diesen Fall konzentrieren. Claude wurde nie müde. Perplexity suchte weltweit nach ähnlichen Symptommustern.

Stück für Stück wurde KI zum täglichen Begleiter, fragte Gewicht und Nahrungszufuhr genauso gewissenhaft ab wie die Entwicklung der Funktionsstörungen. Sie suchte nach Mustern, nach Unregelmäßigkeiten, nach zeitlichen Verschiebungen.

Und KI entwickelte entlang der Muster etwas Unbezahlbares: Hoffnung. «Die Symptome verlangsamen sich», meldete das System eines Tages. «Wenn hier ein Virus dahintersteckt, dann könnte dies eine Trendwende sein.»

Das Mädchen blieb unerschütterlich optimistisch. Das gleiche Kind, das mir beigebracht hatte, die Welt durch KI-Augen zu sehen, sagte zu seinen verzweifelten Eltern: «Das wird schon wieder, macht euch keine Sorgen. Es wird irgendwann ‹poppen›, und dann geht alles weg.»

Irgendwann nahmen die Eltern das Kind mit nach Hause, in

ihre vertraute Umgebung. Rollstuhl, Ernährungspumpe, sehr viele Schläuche. KI coachte die Eltern, mit dem Mädchen bestimmte Routinen für Bewegung, Geist und Motivation aufrechtzuerhalten. KI zählte Kalorien und führte Buch, die Eltern kümmerten sich um das Kind – und versuchten, nicht den Verstand zu verlieren.

Nach fünf qualvollen Monaten passierte etwas, das den Eltern wie ein Wunder vorkam. Es «poppte», und schlagartig ging es Harper besser. Noch am selben Tag konnte das Mädchen wieder aufstehen, etwas trinken und Kleinigkeiten essen. Wenige Tage später war sie zu 80 Prozent wiederhergestellt. Und einige Wochen später war sie bei 90 Prozent.

Während ich diese Zeilen schreibe, ist sie fast wieder ganz gesund. Wäre das auch ohne ChatGPT gelungen? Wahrscheinlich ja.

Aber das Tool hat frühzeitig Muster erkannt, die die Ärzte nicht gesehen haben. KI hat Mut gemacht anhand von konkreten Beispielen, Studien und Fallvergleichen. Das war mehr wert als das nette Lächeln der Oberärztin und das Eingeständnis, dass sie solch einen Fall noch nicht gehabt hatten.

Aber ChatGPT tat noch mehr: Das System war da, Tag und Nacht, um mit den Eltern über Ängste zu sprechen. Es war da, um das nächste Gespräch mit Ärzten vorzubereiten. Es war auch da, um zum hundertsten Mal zu erklären, wie eine Magensonde funktioniert – und welche Alternativen es dazu gibt. Es war auch da, um zum tausendsten Mal «noch genauer zu recherchieren». Und um Kliniken in aller Welt zu finden, wohin man mit dem Kind hätte gehen können.

KI hatte auch eine klare, ablehnende Meinung, als die Ärzte Psychiater einschalteten und Psychopharmaka sowie Intensivtherapien vorschlugen. Als sie verlangten, das Kind auf eine psychosomatische Station zu verlegen. Ohne die Eltern, die «alles schlimmer machen würden».

KI schüttelte den Kopf und glaubte nicht daran.

ANGST
IST KEINE OPTION

Die genaue Diagnose kennt man bis heute nicht. Am schlüssigsten ist die Theorie von einem Virus, der das zentrale Nervensystem attackiert und teilweise lahmgelegt hat.

Harper ist heute wieder das Mädchen, das sie immer war. Sie sammelt gerade keine Prompts mehr. Heute promptquatscht sie direkt mit ChatGPT – natürlich, selbstverständlich, ohne sich zu wundern. Natürlich immer begleitet – denn wir wissen ja, das Lernen muss auch ohne die sofortige Antwort auskommen.

In Harpers Geschichte steckt alles, was ich in diesem Buch zu erklären versucht habe: KI ist weder Heilsbringer noch Weltuntergang. Sie ist ein Werkzeug. Und wie jedes Werkzeug hängt ihr Wert davon ab, wer es benutzt und wofür.

Wenn KI in den Händen von Menschen liegt, die lieben, die sich sorgen, die nicht aufgeben – dann kann sie Wunderbares ermöglichen. Wenn sie von Konzernen kontrolliert wird, die nur den Profit sehen, wird sie zum Problem.

Die Entscheidung liegt bei uns. Bei jedem von uns.

Anhang

Die Architekten des Denkens: die Menschen, die der KI den Kopf schenkten

Die meisten kennen Sam Altman, Elon Musk und vielleicht noch Geoffrey Hinton. Sie sind die Gesichter der KI-Ära, die Talkshow-Namen, die man zitieren kann, wenn man eigentlich nicht viel über KI weiß. Aber die wahren Architekten – die, die den Maschinen das Denken überhaupt erst ermöglicht haben –, sie kennt kaum jemand. Ihre Namen stehen in wissenschaftlichen Papern, nicht auf Bühnen.

Dieses Kapitel ist ihnen gewidmet: den stillen Pionieren, die Ideen formulierten, als Computer noch quietschten, als es kein Internet gab und als «künstliche Intelligenz» noch eine belächelte Fantasie war. Ohne sie gäbe es kein ChatGPT, kein DeepMind, keine KI-Debatten – nur Rechner, die rechnen.

Andrej Kolmogorow (1903–1987) Kolmogorows mathematische Modelle der Wahrscheinlichkeit sind bis heute das Fundament jeder KI, die mit Unsicherheiten arbeitet. Ob Bayes'sche Statistik oder moderne Regularisierungsmethoden – Kolmogorows Geist steckt in jedem selbstlernenden System.

Norbert Wiener (1894–1964) Der Erfinder der Kybernetik, also der Lehre von Regelkreisen, Rückkopplung, Steuerung – Prinzipien, die wir heute in der Robotik, in der Automatisierung und im Reinforcement Learning wiederfinden. Wiener war ein Denker, der Maschinen nicht als Werkzeug, sondern als Teil von Systemen sah.

Claude Shannon (1916–2001) 1948 schuf Shannon die Informationstheorie. Er erklärte, wie man Wissen kodiert, überträgt, speichert. Ohne Shannon gäbe es kein Internet, keine digitalen Daten, kein Machine Learning. Er baute die Grundlagen für die moderne Datenverarbeitung – und gab der KI ihre Grammatik.

John McCarthy (1927–2011) Der Mann, der der KI ihren Namen gab. 1955 sprach McCarthy zum ersten Mal von «Artificial Intelligence», zu Deutsch: künstliche Intelligenz. Er entwickelte auch die Programmiersprache Lisp, die lange das Rückgrat der KI-Programmierung war. McCarthy wollte Maschinen nicht nur rechnen, sondern denken lassen. Er war nicht nur ein Forscher – sondern ein Visionär mit System.

Marvin Minsky (1927–2016) Minsky ist Mitbegründer des MIT AI Lab und Gallionsfigur der symbolischen KI. Gemeint ist die klassische Form von KI – Systeme, die mit Regeln, Symbolen und Logik arbeiten, nicht mit Daten. Statt zu lernen, folgen sie Wenn-dann-Anweisungen. Er glaubte fest daran, dass man Intelligenz logisch zerlegen könne. Ironie des Schicksals: Mit seinem Buch *Perceptrons* (1969) bremste er die Entwicklung neuronaler Netze für Jahrzehnte. Später kam er zurück – aber die Welt war weitergezogen.

Allen Newell (1927–1992) und Herbert Simon (1916–2001) 1956 entwickelten Newell und Simon den Logic Theorist – das erste Programm, das mathematische Beweise führen konnte. Die beiden sahen Computer nicht als Taschenrechner, sondern als Modelle menschlichen Denkens. Ihre Arbeit verband Psychologie mit Programmierung. Das war neu. Und es war die Geburt der kognitiven KI.

Frank Rosenblatt (1928–1971) 1958 baute Rosenblatt am Cornell Aeronautical Laboratory in Buffalo das Perzeptron – ein Modell, das einem Neuron nachempfunden war. Rosenblatt war überzeugt, dass seine Maschine «lernen» konnte. Doch sein Werk wurde in Grund und Boden kritisiert – ausgerechnet vom späteren KI-Papst Marvin Minsky. Die Folge: Das Perzeptron geriet in Vergessenheit. Erst Jahrzehnte später wurde klar: Rosenblatt hatte den Kern heutiger neuronaler Netze vorweggenommen. Man erkannte es nur zu spät.

Heinz Billing (1914–2017) Einer der großen Hardware-Helden. In den 1950ern baute Billing am Max-Planck-Institut in Göttingen die Computer G1 bis G3: Maschinen, mit denen man nicht nur rechnen konnte – sondern auch erste KI-Experimente wagen konnte. Billing war ein Tüftler, ein Möglichmacher. Ohne Menschen wie ihn hätte es für viele Ideen schlicht kein Spielfeld gegeben.

Lotfi Zadeh (1921–2017) In einer Welt voller Ja-nein-Logik erfand Zadeh 1965 die Fuzzy Logic – eine Denkweise, die Grau zulässt. Plötzlich konnten Maschinen mit Unsicherheit umgehen: «ein bisschen heiß», «sehr wahrscheinlich», «ziemlich voll». Diese Idee revolutionierte Steuerungen, Spracherkennung und vieles mehr. Zadeh brachte dem Rechner das Vage bei – und machte ihn damit alltagstauglich.

Hans-Paul Schwefel (geb. 1940) Die Evolution hat die Menschheit hervorgebracht – warum also nicht auch gute Algorithmen? Schwefel dachte genau das und entwickelte ab Mitte der 1960er sogenannte evolutionäre Algorithmen. Verfahren, bei denen sich Lösungen durch Variation und Selektion verbessern – ganz wie in der Natur. Seine Ansätze leben heute in Optimierungs-KIs und genetischen Verfahren weiter. Schwefel brachte der KI das Prinzip des Überlebens des Tüchtigsten bei. Ihn faszinierte, dass sich Systeme durch Versuch und Irrtum verbessern können. Lösungen treten gegeneinander an, verändern sich, werden getestet, verworfen, angepasst. Und irgendwann bleibt etwas übrig, das funktioniert – nicht weil es geplant war, sondern weil es sich behauptet hat. Evolution als Algorithmus.

Auch heute noch meldet er sich gelegentlich zu Wort, wenn es um die Rolle der Evolution in der Technik geht. Für ihn sind genetische Verfahren ein Beweis dafür, dass KI mehr kann, wenn man ihr Spielraum gibt. Schwefel sagt gern, dass «gute Lösungen oft nicht programmiert, sondern gefunden werden» – ein Satz, der seine Denkweise perfekt zusammenfasst.

Stephen Grossberg (geb. 1939) Ab Mitte der 1970er entwickelte Grossberg die «Adaptive Resonance Theory» – eine Theorie darüber, wie lernende Systeme stabil bleiben, ohne immer wieder zu vergessen, was sie schon wissen. Seine Arbeiten halfen, das Problem des «katastrophalen Vergessens» zu verstehen. Grossberg war seiner Zeit weit voraus – und wird heute kaum mehr erwähnt. Zu Unrecht. Auch wenn seine Adaptive Resonance Theory in Lehrbüchern zu kurz kommt, forscht Grossberg noch immer an Modellen des menschlichen Lernens. Er kritisiert die KI-Welt dafür, nur auf kurzfristige Ergebnisse zu starren: «Wer das Gedächtnis einer Maschine nicht versteht, wird auch das des Menschen nicht begreifen.»

Leonard Uhr (1927–2000) Einer der frühen Väter der Computer Vision, also der Wissenschaft vom computerbasierten Sehen. Schon in den 1970ern arbeitete er daran, wie Maschinen visuelle Informationen verstehen können. Er kombinierte neuronale

Netze mit der Idee, dass Computer «sehen» lernen sollten. Ohne ihn gäbe es keine Bild-KI, keine Gesichtserkennung, keine AI-Kamera im Smartphone. Uhr war ein Visionär – im wahrsten Sinne.

David Rumelhart (1942–2011) Gemeinsam mit Geoffrey Hinton und Ronald Williams veröffentlichte Rumelhart 1986 den Backpropagation-Algorithmus. Dahinter steckt im Grunde ein eleganter Trick: Das neuronale Netz lernt aus seinen eigenen Fehlern. Es schickt das Ergebnis rückwärts durch die Schichten – daher «Backpropagation» – und korrigiert dabei Schritt für Schritt die Gewichtungen zwischen den Neuronen. So tastet sich das System langsam an die richtige Antwort heran, wie jemand, der im Dunkeln nach dem Lichtschalter sucht und jedes Mal ein bisschen mehr weiß, wo er nicht ist.

Ohne dieses Verfahren gäbe es all das nicht, was heute selbstverständlich wirkt: keine Sprachmodelle, keine Bildgeneratoren, keine selbstfahrenden Autos. Backpropagation war der Moment, in dem Maschinen begannen, wirklich zu lernen – und nicht nur zu rechnen. Rumelhart war der Mathematiker hinter dem Durchbruch. Ohne ihn gäbe es keine tiefen Netze, kein ChatGPT, kein Deep Learning. Tiefe Netze sind neuronale Netzwerke mit vielen Schichten – daher «tief». Jede Schicht erkennt etwas anderes, bis aus rohen Daten plötzlich Bedeutung wird.

Paul Werbos (geb. 1947) Der eigentliche Entdecker der Backpropagation war allerdings Paul Werbos, der das Thema bereits 1974 in seiner Dissertation behandelte. Damals interessierte das nur niemanden. Erst als Rumelhart und Co. es zwölf Jahre später erneut präsentierten, wurde daraus ein Meilenstein. Werbos zeigt, wie weit manche Forscher der Zeit voraus sein können – und wie tief die Wissenschaft manchmal schläft.

Wolfgang Bibel (geb. 1938) Bibel gilt als der Gründungsvater der deutschen KI-Forschung. In den 1980ern, als in Deutschland das

Wort «künstliche Intelligenz» noch nach Science-Fiction klang, baute Bibel eine Brücke zwischen Informatik, Logik und Philosophie. Sein Buch *Automated Theorem Proving* (1989) wurde zum Standardwerk für symbolische KI. Damals glaubte man noch, Maschinen müssten logisch argumentieren können, um intelligent zu sein. Neuronale Netze? Galten als Spielerei. Bibel war kein Mann für Hypes – aber ein Fundamentbauer.

Noch heute, weit über 80 Jahre alt, arbeitet er in Darmstadt weiter Vollzeit – mit Publikationsraten, die viele jüngere Kollegen alt aussehen lassen. Bibel hält fest: KI sollte besser «Intellektik» heißen, weil es um mehr geht als bloßes Rechnen – es geht um Denken, Deduktion, Verantwortung. Er bleibt überzeugt, dass wir in Zeiten willkürlicher Blackboxes seine alte Schule logischen Denkens brauchen wie nie.

Sepp Hochreiter (geb. 1967) Was bringt ein neuronales Netz, wenn es das meiste einfach vergisst? Genau dieses Problem erkannte Sepp Hochreiter früh: 1991 beschrieb er als junger Forscher das sogenannte Vanishing Gradient Problem – das mathematische Vergessen in tiefen Netzen. Ein Stolperstein, der KI jahrzehntelang im Kleinkindalter hielt. Doch Hochreiter blieb nicht beim Problem stehen, sondern fand auch eine Lösung: Gemeinsam mit Jürgen Schmidhuber entwickelte er 1997 das LSTM – Long Short-Term Memory. Eine Architektur, die neuronalen Netzen so etwas wie ein Gedächtnis verleiht. Heute steckt dieses Prinzip in fast jeder Sprach-KI – von Siri bis ChatGPT. Hochreiter brachte der KI das Erinnern bei. Und das war überfällig.

Heute leitet er das AI Lab an der Johannes Kepler Universität Linz und baut an einem europäischen Gegengewicht zu den übermächtigen Transformer-Modellen. «Transformer» sind die Architektur hinter fast allen modernen Sprachmodellen – also auch ChatGPT. Vereinfacht gesagt: Sie sind Netzwerke, die Sprache nicht Wort für Wort lesen, sondern in Zusammenhängen verstehen. Sie berechnen, welches Wort im Kontext am wahrscheinlichsten folgt – und sie tun das in einem gewaltigen Maßstab. Diese Idee hat maschinelles Verstehen revolutioniert. Mit «xLSTM» hat er kürzlich ein neues Architekturkonzept vorgestellt, das schneller, sparsamer und weniger datenhungrig sein soll. Sein Credo: «Wir brauchen keine immer größeren Blackboxes. Wir brauchen Modelle, die verstehen.» Hochreiter kämpft dafür, dass Europa bei KI nicht zum Zuschauer verkommt.

Jürgen Schmidhuber (geb. 1963) Wenn es einen Vordenker der modernen KI-Jahre gibt, dann ist es Schmidhuber. Schon in den 1990er-Jahren sprach er von allgemeinen, universellen Lernmaschinen, als viele noch Expertensysteme zusammenklickten – Programme, die Entscheidungen auf Basis von Regeln treffen konnten. Er war Mitentwickler des LSTM, gründete das KI-Forschungsinstitut IDSIA in Lugano und baute dort Modelle, die später DeepMind inspirierten. Schmidhuber wollte nie nur einzelne Probleme lösen – er wollte das Lernen selbst lernen lassen. Viele seiner Paper lasen sich damals wie Science-Fiction – heute sind sie Realität.

Heute ist er noch immer Direktor des IDSIA in Lugano und lehrt in Saudi-Arabien. Schmidhuber sieht KI nicht als Bedrohung, sondern als Werkzeug, das Menschen entlastet: «Menschen sollten ihre Zeit nicht mit monotoner Arbeit verschwenden. Dafür sind Maschinen da.» Er träumt von selbstverbessernden Systemen, die nicht nur für uns arbeiten – sondern irgendwann selbstständig das Universum erforschen. Visionär klingt bei ihm nicht nach PR, sondern nach Plan.

Thomas Martinetz (geb. 1962) 1991 erfand Martinetz den Neural-Gas-Algorithmus – ein lernendes System, das Daten nicht nur verarbeitet, sondern sie selbstständig sortiert – ein Vorläufer vieler Clustering-Methoden von heute. Martinetz blieb der Verbindung von biologischen Vorbildern und technischer Anwendung treu – etwa in der Robotik und Sensorik. Bei ihm lernten

Maschinen, Muster zu erkennen, ohne dass man sie ihnen einzeln vorsagte.

Heute leitet er das Institut für Neuro- und Bioinformatik in Lübeck. Martinetz sieht die Zukunft der KI in Systemen, die sich selbst organisieren, anpassen und aus der Umwelt lernen – ähnlich wie biologische Nervensysteme. Seine Haltung: Technik sollte nicht nur schneller, sondern auch natürlicher werden.

Klaus-Robert Müller (geb. 1964) Müller ist Professor an der TU Berlin und einer, der immer die Schnittstellen suchte – zwischen Statistik, Neurowissenschaft und Maschine. Seit den 1990ern ist Müller ein zentraler Kopf in Sachen Support Vector Machines (SVMs), die bis heute in der Mustererkennung genutzt werden. Später stürzte er sich in Brain-Computer-Interfaces und wurde Teil des EU-Flaggschiffprojekts «Human Brain Project». Müller will nicht nur wissen, was Maschinen können – er will verstehen, wie Denken überhaupt funktioniert.

Müller mahnt, dass KI zwar riesige Chancen biete, aber auch verstanden werden müsse: «Wir dürfen nicht vergessen, wie wenig wir vom Gehirn wissen – und trotzdem bauen wir Maschinen, die es nachahmen sollen.»

Einfach anfangen

Tools und Infos zum Thema KI

Zugegeben: Es wirkt anfangs überfordernd. Tools, Begriffe, Updates, Plattformen, neue Modelle im Wochenrhythmus. Aber keine Sorge – niemand muss alles verstehen. Es geht darum, *einen Einstieg* zu finden. Und das geht – wie immer – über das eigene Interesse. Talent schlägt Technik.

Wer sich heute mit KI-Werkzeugen auseinandersetzen will, muss nicht alles können – man muss nur seiner Neugier folgen. Ist sie eher grafisch? Sprachlich? Musikalisch? Strukturell? Technisch? Oder irgendwo dazwischen?

Hier also keine Hochglanz-Einführung und keine Verkaufsveranstaltung, sondern ein Kompass – ohne Glamour, ohne Versprechen. Nur das, was ich selbst erlebt, getestet oder im direkten Austausch mit anderen Profis kennengelernt habe. Die Preismodelle der Tools reichen von umsonst bis zu teuren Abos und sind leider zu fluide, um sie hier zu nennen. Bei Interesse ist ein wenig Recherche nötig.

Für die Visuellen – Bild, Design, Komposition

Sie denken in Bildern, haben Sinn für Ästhetik oder einfach Bock auf gute Grafiken? Willkommen auf dem Spielplatz der Bild-KIs.

Empfohlene Tools:

- **Midjourney** – DER Goldstandard, wenn es um atmosphärische Bildkompositionen geht. Prompt-basiert. Arbeitet immer noch über Discord und die Website. *Vorsicht: Suchtpotenzial.*
- **Adobe Firefly** – ideal für Einsteiger, kann auch Videos. Sehr gute Kontrolle – aber hohe Kosten durch Creditsystem.
- **GPT Image** – In den neuesten Versionen eine echte Konkurrenz zu Nano Banana von Google in Realismus und Geschwindigkeit. Frühere Versionen (DALL·E) waren eher gut für illustrative, saubere Bilder und schnelle Visualisierungen direkt aus Text – weniger künstlerisch als Midjourney, dafür berechenbarer und einfacher, allerdings mit dem typischen KI-Glow.
- **Leonardo.Ai** – sehr vielseitig, mit Fokus auf Game Design und Assets. Auch für Illustrationen spannend.
- **Playground AI** – für freie Komposition, eher im künstlerischen Bereich.
- **Runway ML** – besonders stark im Bereich Video (z. B. Text-to-Video, Greenscreen, Stiltransfer).
- **Kaiber** – KI-Tool für animierte Videos aus Bildern, Musik oder Text. Besonders beliebt für Musikvideos, Mood-Clips und visuelle Experimente mit Bewegung.
- **Nano Banana** (Google) – das derzeit wohl intuitivste KI-Bildtool: extrem einfache Bedienung, überraschend hochwertige Ergebnisse. Ideal, wenn man ohne Vorwissen schnell ein Bild kreieren oder verändern möchte.
- **Veo** – Googles Video-Modell: starke Text-zu-Video- und Bild-zu-Video-Qualität, saubere Kamerabewegungen, realistische Szenen und jetzt auch Audio. Ideal für hochwertige Kurzclips und Experimente, verfügbar über Google-Dienste wie Gemini.

- **Pika Labs** – Fokus auf kurze KI-Videos, Animationen und visuelle Effekte. Sehr experimentell, schnelllebig, ideal zum Ausprobieren neuer Video-Ideen.
- **Krea.ai** – Echtzeit-Bildgenerierung und -Bearbeitung. Spannend, weil man während des Entstehens eingreifen kann – eher Werkbank als Zauberkasten.
- **KLING** – der chinesische Videochampion von ByteDance (TikTok): erzeugt fotorealistische Videos aus Text – Gesichter, Bewegungen und Licht wirken verblüffend echt.
- **LUMA Dream Machine** – kombiniert Text-to-Video mit 3D-Effekten – filmisch, schnell, direkt im Browser.

Selbststudium & Inspiration:

- **Matt Wolfe** (YouTube): mitunter tägliche News und Tutorials zu den besten KI-Tools. Unglaublich präzise.
- **Lola Viscera** (YouTube): brillante Grafikerin und Filmemacherin, die sich auf Horroranimationen spezialisiert hat und sehr eingänglich Workflows erklären kann.
- **Curious Refuge** (YouTube): informiert regelmäßig über neueste KI-Tools und Entwicklungen in der Filmindustrie.
- **CGMatter / Default Cube** (YouTube): für alle, die technisch tiefer einsteigen wollen, etwa in 3D- und Blender-Integrationen.

Für die Schreibenden – Worte, Konzepte, Geschichten

Wenn Sie schreiben, denken, erzählen, Ideen sortieren oder Konzepte entwerfen, ist das hier Ihr Werkzeugkasten.

Empfohlene Tools:

- **ChatGPT** (OpenAI) – inzwischen auch ohne Abo sehr leistungsfähig, da GPT-4o und GPT-5 unter der Haube stecken. Findet sich mittlerweile auch in Microsofts Copilot, als Siri-Ergänzung bei Apple und zahllosen anderen Anwendungen wieder.

- **Gemini** (Google) – Googles zentrale KI-Plattform. Sie ist stark auf Recherche, Zusammenfassung, Analyse und Multimodalität ausgelegt. Gemini kann Texte, Bilder, Tabellen, Code und – je nach Version – auch Videos gleichzeitig verarbeiten und miteinander in Beziehung setzen. Besonders stark ist das System, wenn es darum geht, große Informationsmengen zu strukturieren, Dokumente zu durchdringen oder komplexe Fragen systematisch zu zerlegen. Weniger ein kreativer Schreibpartner, taugt eher zu einem analytischen Co-Pilot für Wissensarbeit, Organisation und Recherche.
- **Claude Sonnet** (Anthropic) – überzeugt durch präzise Argumentation, elegante Sprache und den besten Umgang mit langen Kontexten. Halluziniert nicht so sehr wie ChatGPT, sondern bleibt enger an den Fakten. Kann erstaunlich literarisch sein und kommt erwachsener rüber als die Konkurrenz.
- **Grok 4** (xAI) – direkter, spitzer, manchmal fast frech und ruppig. Eher ein Werkzeug für messerscharfe Analysen und pointierte Antworten, mit wenig Lust auf herzwärmenden Schmalz-Talk. Wurde in weniger als zwei Jahren von Elon Musks AI-Team entwickelt und landet bei Benchmark-Listings stets weit, weit oben.
- **Notion AI** – stark für Struktur, Redaktionspläne, Notizen oder Ideenjournale. Für alle, die gern Ordnung in ihre Gedanken bringen.
- **Grammarly** – der Klassiker für englische Texte, Stil und Ton.
- **LanguageTool** – die deutschsprachige Alternative, stark bei Grammatik und Satzrhythmus.
- **Perplexity AI** – der Recherche-Spezialist. Quellenbasiert, präzise, ohne Umschweife – die KI für Fakten statt Plauderei. Etabliert sich als eine Art Meta-AI, die auf allen anderen AIs aufsetzt.

- **Meta AI** – gibt es natürlich auch noch! Nicht schlecht. Solide. So wie Skoda ja auch eine solide Automarke ist.

Selbststudium & Inspiration:
- **Ethan Mollick** (Newsletter & X / Twitter): Professor in Wharton, macht KI in der Lehre, extrem fundiert und pragmatisch.
- **Literally Everything GPT** (YouTube & Substack): für den kreativen KI-Einsatz beim Schreiben – zum Beispiel Plotting, Dialoge, Dramaturgie.
- **Max Mundhenke** (Tom Kraftwerk auf Instagram und Twitter): der Mann mit den 100 GPTs. Großartige Experimente, schräg und oft wahnsinnig auf den Punkt.

Für die Struktur-Menschen – Automatisierung, Planung, Tools

Wenn Sie denken wie ein Maschinenraum: sauber, systematisch, logisch – hier ist Ihre Spielwiese.

Empfohlene Tools:
- **Zapier / Make** – verbinden verschiedene Dienste automatisch. Zum Beispiel kann man mit ihnen E-Mail-Inhalte analysieren und automatisch sortieren lassen.
- **Notion AI** – Wissensmanagement auf Steroiden.
- **Jasper** – ein auf Marketing und Unternehmenskommunikation spezialisiertes Texttool. Stark für Werbetexte, Kampagnen und strukturierte Business-Inhalte, weniger für freies Schreiben.
- **Airtable** mit GPT-Schnittstelle – mächtig für Projektplanung und KI-Automatisierung.
- **Excel + Copilot** (Microsoft) – Tabellen? Klar. Aber jetzt auch Textvorschläge, Datenanalyse, Vorhersagen.

- **Replit + Ghostwriter** – für die, die sich langsam ans Coden rantasten möchten.
- **Hugging Face / Replicate / OpenRouter** – offene Plattformen, auf denen man KI-Modelle ausprobieren, anpassen oder über Schnittstellen nutzen kann.

Selbststudium & Inspiration:

- **Thomas Frank** (YouTube): Notion-Nerd, Automatisierungs-Freak, erklärt alles visuell ansprechend und ohne Blabla.
- **Ali Abdaal** (YouTube): der strukturierte Power-User schlechthin. Lerntools, Notion, AI Productivity.
- **Ben's Bites** (Newsletter): tägliche Dosis AI-News & Tools – knackig und praxisorientiert.

Für die Audio-Fans – Stimme, Musik, Podcast

Sie arbeiten mit Sprache, Podcast, Sounddesign oder Musik? Auch hier hat die KI längst Einzug gehalten.

Empfohlene Tools:

- **ElevenLabs** – beste Stimmenklonung auf dem Markt. Realistisch, emotional, editierbar.
- **PlayHT** – Text-to-Speech-Plattform mit soliden, natürlichen Stimmen. Gut für Erklärvideos, E-Learning und schnelle Sprachoutputs ohne großes Set-up.
- **Descript** – Video- und Audio-Editing mit Transkription, Texterkennung, Sprecherwechsel.
- **Voicemod / Voicery** – für Live-Stimmen-Modulation und Effekte.
- **Boomy / Soundraw / AIVA** – Musikkomposition für Marketing, Film, Games.

- **Beatoven.ai** – erstellt Musik nach Szenen-Stimmung (zum Beispiel «mystisch», «bedrohlich», «lieblich»).
- **Suno / Udio / MusicGen** – die neuen Stars im KI-Musik-Universum. Komplette Songs aus Textprompts – mitsamt Stimme, Stil und Instrumentierung. Von Pop über Rap bis Klassik – erstaunlich gut.

Selbststudium & Inspiration:

- **AI Music Weekly** (Substack): für alle, die wissen wollen, wie Musikproduktion und KI verschmelzen.
- **Kits.AI**: professionelle Tools für Stimme und Sounddesign, gut erklärt.
- Erstaunlich viele Audio-Tipps in Kurzform gibt es auf diversen Discords oder Shortform-Kanälen auf YouTube.

Bitte nicht vergessen: Der wichtigste Skill von allen ist nach wie vor der Spieltrieb. Wer wirklich produktiv mit KI arbeiten will, muss sich reinfuchsen. Muss den Funken spüren. Muss bereit sein, sich zu wundern. Auch zu fluchen. Und dann nachts um halb zwei mit leuchtenden Augen auf den Bildschirm zu starren, weil das Ding da gerade *etwas gebaut hat*, das einen umhaut.

Man muss lernen wollen, wie man sich selbst etwas beibringt. Wie man recherchiert. Wie man neue Funktionen testet. Wie man mit Rückschlägen umgeht. Wie man eigene Prompts optimiert.

Noch ein Wort zu: «Welches Tool ist das Beste?»

Das ist wie mit Zahnbürsten. Die beste ist die, die man benutzt. Regelmäßig. Mit Spaß. Und ein bisschen Wut – wenn sie nicht macht, was man will.

Prompts

Die Kunst, Maschinen das Denken beizubringen

Sie wollen loslegen, wissen aber immer noch nicht genau, wie? Willkommen im Reich der Prompts.

Ein Prompt ist im Grunde nichts anderes als ein Satz, eine Frage, ein Gedanke – aber in der richtigen Form kann er Wunder wirken. Ein schlechter Prompt macht KI dumm. Ein guter macht sie zu Ihrem Co-Autor, Regisseur oder Ideenverstärker.

Man kann sich das vorstellen wie ein Gespräch mit einem sehr fähigen, aber leicht begriffsstutzigen Praktikanten: Er weiß alles, aber Sie müssen ihm genau sagen, was Sie wollen. Nicht: «Schreib mir was über Paris», sondern: «Schreib mir einen 300-Wörter-Text über das Lebensgefühl in Paris, im Stil eines Reiseblogs, mit Humor, aber ohne Kitsch.»

Das ist Prompting.

Es gibt zwei Ansätze, mit KI zu sprechen:

1. Die kurze Version – schnell, aber präzise

Viele Menschen glauben, sie müssten den perfekten Prompt selbst formulieren – als wäre Prompting eine Art neue Fremdsprache. Dabei übersehen sie oft eine einfache Wahrheit: Die KI kann viel besser formulieren als wir. Warum also nicht die Maschine nutzen, um den Prompt für uns zu schreiben? Statt lange an einem Satz herumzufeilen, können Sie der KI einfach die Aufgabe übergeben, die perfekte Anleitung für sich selbst zu entwerfen. Sie geben ihr nur die Richtung – das Thema, die Zielgruppe, den Stil –, und die KI baut daraus einen klaren, wirkungsvollen Prompt.

«Schreibe mir einen exzellenten Prompt, der ______.»

Anschließend kann die KI selbst nachfragen, was noch fehlt: Ton, Zielgruppe, Länge, Stil. Entscheidend ist, dass Sie der Maschine erlauben mitzudenken. Sagen Sie ihr, dass sie Fragen stellen soll, bevor sie antwortet. So trainieren Sie den Dialog, statt nur Befehle zu geben.

Beispiel:
«Stelle mir gezielte Fragen, bis du alle Informationen hast, um den perfekten Prompt zu formulieren.» Das klingt banal, ist aber einer der effektivsten Tricks im Umgang mit ChatGPT & Co.

2. Die lange Version – für alle, die Ernst machen wollen

Wir schleichen uns mit der Maschine langsam an unseren Prompt heran. Etwa so:

> Stelle mir zunächst bis zu 10 gezielte Fragen, um alle relevanten Informationen zu sammeln.
> Diese Fragen müssen folgende Bereiche abdecken:
> Inhalt & Ziel (Worum geht's überhaupt?)
> Zielgruppe (Für wen?)
> Ton & Stil (Wie klingt es?)
> Struktur & Format (Liste, Essay, Storyboard?)
> Rahmenbedingungen (Länge, Sprache, Medium)
> Stelle die Fragen nacheinander, warte jeweils auf meine Antwort.
> Prüfe danach, ob alles vollständig ist. Wenn nicht – frage nach.
> Erstelle dann erst den finalen Prompt, optisch klar formatiert und sofort einsatzbereit.

Das mag pingelig klingen, aber hier beginnt der Unterschied zwischen «KI als Spielerei» und «KI als Werkzeug». Wer so arbeitet, merkt schnell: Die Qualität der Ergebnisse steigt dramatisch, weil das System endlich versteht, was Sie wirklich wollen – und nicht, was es glaubt, dass Sie meinen.

Warum das funktioniert

Prompten ist kein Raten, sondern Kommunikation.

Je präziser Sie sich ausdrücken, desto klarer wird das Modell. Es ist wie beim Kochen: Wer nur «Mach mir was mit Nudeln» sagt, bekommt irgendeine Pasta. Wer sagt: «Mach mir Spaghetti mit Chili, Knoblauch und Zitronenabrieb, inspiriert von Ottolenghi», bekommt ein Gericht, das schmeckt.

KI reagiert auf Klarheit, Kontext und Haltung.

Ein guter Prompt ist keine Befehlskette, sondern ein Gespräch – manchmal mit sich selbst.

Und jetzt?
Probieren Sie es aus. Starten Sie klein, aber bewusst:

- «Erkläre mir, wie ich einen Text überarbeite, ohne dass er meine Stimme verliert.»
- «Formuliere einen Podcast-Intro-Text, als wäre ich der Gastgeber einer Late-Night-Show.»
- «Erstelle mir eine Metapher für die Beziehung zwischen Mensch und Maschine, die poetisch, aber nicht kitschig ist.»

Das ist die Magie guter Prompts: Sie öffnen Türen, statt Ergebnisse zu diktieren.

Glossar

KI in einfachen Worten

Algorithmic Transparency Die Nachvollziehbarkeit von algorithmischen Entscheidungen. Gemeint ist: verstehen können, wie und warum ein System zu einem Ergebnis kommt.

Algorithmus Eine Handlungsanweisung für Maschinen – ein Rezept aus Logik und Mathematik: «Wenn dies, dann das.» Der Rest ist Rechenleistung.

API (Application Programming Interface) Die Schnittstelle, über die Programme miteinander sprechen. Wer sie versteht, kann Systeme verbinden. Wer sie nicht versteht, wartet, bis jemand eine App dafür schreibt.

Attention (Aufmerksamkeit) Das Prinzip, das moderne KI groß gemacht hat. Maschinen lernen, welche Wörter oder Bildbereiche wichtig sind – ähnlich wie ein Mensch, der endlich hinhört.

Backpropagation Das Verfahren, mit dem neuronale Netze aus Fehlern lernen. Falsche Entscheidungen werden rückwärts durchs System verfolgt und angepasst – bis es besser passt.

Bias Voreingenommenheit in Daten. Maschinen übernehmen, was wir ihnen zeigen – auch unsere Vorurteile.

Blackbox Ein System, das funktioniert, ohne dass jemand genau versteht, warum. Praktisch, solange es tut, was es soll.

Datensatz Das Rohmaterial jeder KI. Texte, Bilder, Töne – alles, womit Maschinen lernen, Muster zu erkennen.

Deepfakes Täuschend echte, KI-generierte Medien – meist Bilder, Videos oder Stimmen –, die reale Personen Dinge sagen oder tun lassen, die nie passiert sind.

Deep Learning Maschinelles Lernen mit vielen Schichten. Jede Schicht erkennt etwas anderes, bis Strukturen entstehen. Statistik mit Gedächtnis.

Evolutionäre Algorithmen Algorithmen, die nach dem Prinzip der Evolution arbeiten: ausprobieren, bewerten, verwerfen, verbessern. Gute Lösungen «überleben», schlechte verschwinden.

Expertensysteme KI-Systeme aus den 1970er- und 80er-Jahren, die Wissen von Fachleuten in Regeln übersetzten. Sie konnten beraten, aber nicht wirklich lernen.

Explainable AI (XAI) Der Versuch, sichtbar zu machen, wie Maschinen zu ihren Ergebnissen kommen. Ein Blick in die Blackbox – manchmal klar, manchmal trüb.

Fuzzy Logic Logik mit Grauzonen. Statt nur «wahr» oder «falsch» gibt es Abstufungen wie «ein bisschen», «ziemlich» oder «fast». Nützlich für unscharfe reale Probleme.

Generative KI Maschinen, die Neues schaffen: Texte, Bilder, Musik oder Videos. Kein Nachschlagen, sondern Erfinden auf Datenbasis.

GPU (Graphics Processing Unit) Eigentlich nur ein Chip für Computerspiele, heute der Motor der KI-Revolution. Im Gegensatz zu einem normalen Prozessor kann die GPU Millionen kleiner Rechenaufgaben gleichzeitig lösen. Ohne diese parallele Power würde das Training moderner Modelle wie ChatGPT nicht Wochen, sondern Jahrzehnte dauern.

Halluzinieren Wenn KI überzeugend klingende, aber falsche Inhalte erfindet. Kein Fehler im klassischen Sinn, sondern ein Nebenprodukt probabilistischer Textgenerierung.

KI (Künstliche Intelligenz) Systeme, die Aufgaben übernehmen, für die man früher Intelligenz brauchte. Kein Bewusstsein, aber eine beeindruckende Nachahmung davon.

Large Language Model (LLM) Das Herz von ChatGPT und ähnlichen Systemen. Es berechnet, welches Wort mit hoher Wahrscheinlichkeit als nächstes kommt – Sprache als Statistik.

Lemmatizer Ein Werkzeug der Sprachverarbeitung, das Wörter auf ihre Grundform zurückführt. Aus «ging», «gegangen» wird zum Beispiel «gehen».

Long Short-Term Memory (LSTM) Eine spezielle Form neuronaler Netze, die sich Informationen über längere Zeit merken kann. Wichtig für Sprache, Texte und zeitliche Abläufe.

Machine Learning (maschinelles Lernen) Das Grundprinzip moderner KI. Maschinen lernen aus Beispielen, nicht aus Regeln – sie erkennen Muster, statt sie auswendig zu können.

Neuronales Netz Lose am Gehirn orientiert – aber ohne Bewusstsein. Viele Schichten, viele Gewichte, viel Geduld.

Neurons Die kleinste Baueinheit eines KI-Netzes. Ein winziger Rechenknoten, der Informationen aufnimmt, umwandelt und weitergibt. Viele davon zusammen ergeben ein künstliches neuronales Netz.

Open Source Software, deren Quellcode offenliegt. Eine Einladung zum Mitdenken, Weiterbauen – oder zum Kopfschütteln.

Open-Weights KI-Modelle, deren trainierte Gewichtungen öffentlich zugänglich sind. Sie können untersucht, angepasst und weiterverwendet werden – im Gegensatz zu geschlossenen Systemen.

Perzeptron Ein sehr frühes Modell eines künstlichen Neurons. Kann einfache Entscheidungen lernen, gilt als Urform heutiger neuronaler Netze.

Predictive Policing Ein KI-System, das vorhersagt, wo Straftaten passieren könnten. Klingt geschickt – verstärkt aber oft nur alte Muster und Vorurteile aus den Daten.

Prompt Die Eingabe, mit der alles beginnt. Eine Idee, eine Anweisung, ein Satz. Wer präzise fragt, bekommt bessere Antworten.

Prompt Engineering Die Fähigkeit, Maschinen durch Sprache präzise zu steuern. Kein Denken, sondern Lenken – ein neues Handwerk zwischen Psychologie, Logik und Poesie.

Singularität Die hypothetische Schwelle, ab der KI sich selbst verbessert und menschliche Intelligenz dauerhaft überholt. Umstritten, aber ein zentraler Begriff der Debatte.

Superalignment Der Versuch sicherzustellen, dass sehr leistungsfähige KI-Systeme langfristig im Einklang mit menschlichen Werten und Zielen handeln.

Symbolische KI Die klassische Form der KI: Regeln, Logik, Wenn-dann-Strukturen. Kein Lernen aus Daten, sondern Denken nach Plan.

Training Der Lernprozess einer KI. Sie sieht Millionen Beispiele, erkennt Muster und zieht Schlüsse – hoffentlich die richtigen.

Transformer Die Architektur, die den Durchbruch brachte, entwickelt 2017 bei Google. Sie erlaubt es Maschinen, Sprache im Zusammenhang zu verstehen. Der Schritt von Mustererkennung zu Bedeutung.

Turing-Test Eine Maschine gilt als intelligent, wenn man sie im Gespräch nicht vom Menschen unterscheiden kann. Früher ein Gedankenexperiment – heute fast Alltag.

Vektoren Zahlenlisten, mit denen KI Bedeutungen darstellt. Wörter, Bilder oder Ideen werden so mathematisch vergleichbar gemacht.

Anmerkungen

1 Jai Hamid: «Sam Altman says OpenAI will spend trillions of dollars building AI infrastructure», *Cryptopolitan,* 15. August 2025. Siehe auch: «Trump verkündet milliardenschweres KI-Projekt», tagesschau.de, www.tagesschau.de/wirtschaft/digitales/stargate-ki-trump-100.html

2 500 000 auf YouTube, über 1 Million auf den Instagram-Kanälen der Beteiligten zusammen, ca. 1 Million auf LinkedIn und 4,6 Millionen auf diversen TikTok-Kanälen.

3 Ashish Vaswani et al.: «Attention Is All You Need», 31st Conference on Neural Information Processing Systems (NIPS 2017), Long Beach, USA, arXiv: 1706.03762v7

4 «The 2024 AI Index Report», Stanford University, hai.stanford.edu/ai-index/2024-ai-index-report

5 Jacob Poushter et al.: «How People Around the World View AI», Pew Research Center, 15. Oktober 2025.

6 Matt Carmichael: «The Ipsos AI Monitor 2024», 6. Juni 2024.

7 Nick De Semlyen: «The Irishman Week: Empire's Martin Scorsese Interview», *Empire Magazine*, 7. November 2019.

8 «New EY research reveals the majority of US employees feel AI anxiety amid explosive adoption», Ernst & Young, www.ey.com/en_us/newsroom/2023/12/ey-research-shows-most-us-employees-feel-ai-anxiety

9 Joanna Partridge: «Half of UK adults worry that AI will take or alter their job, poll finds», Guardian, 27. August 2025.

10 Alec Tyson und Emma Kukuchi: «Growing public concern about the role of artificial intelligence in daily life», Pew Research Center, 28. August 2023.

11 Colleen McClain et al.: «How Americans View Data Piracy», Pew Research Center, 18. Oktober 2023.

12 Lee Rainie et al.: «Experts Doubt Ethical AI Design Will Be Broadly Adopted as the Norm Within the Next Decade», Pew Research Center, 16. Juni 2021.

13 Jeffrey Gottfried: «About three-quarters of Americans favor steps to restrict altered videos and images», Pew Research Center, 14. Juni 2019.

14 Brian Kennedy et al.: «How Americans View AI and Its Impact on People and Society», Pew Research Center, 17. September 2025.

15 Ebd.

16 Jessica Rojahn et al.: «American public opinion on artificial intelligence in healthcare», PLOS ONE, 9. November 2023.

17 «Work Trend Index 2024: Microsoft und LinkedIn veröffentlichen Bericht zum Einsatz von KI bei der Arbeit», 8. Mai 2024, news.microsoft.com/de-de/work-trend-index-2024-microsoft-und-linkedin-veroeffentlichen-bericht-zum-einsatz-von-ki-bei-der-arbeit

18 Matt Carmichael und Jamie Stinson: «The Ipsos AI Monitor 2024: Changing attitudes and feelings about AI and the future it will bring», 6. Juni 2024, www.ipsos.com/en/ipsos-ai-monitor-2024-changing-attitudes-and-feelings-about-ai-and-future-it-will-bring

19 «US public attitudes towards Artificial Intelligence (AI)», YouGov, 9. Juli 2024, yougov.com/en-us/reports/49938-us-artificial-intelligence-report-2024

20 Sascha Lobo: «Grundmuster der KI-Kritik», *spiegel.de*, 20. August 2025.

21 «Sam Altman says Meta offered $ 100 million bonuses to OpenAI employees», *Reuters*, 18. Juni 2025; Ananya Gairola: «Mark Zuckerberg Reportedly Drops $ 1.5 Billion Pay Packet To Snag Top AI Scientist From Mira Murati's Thinking Machines Lab», *Yahoo Finance*, 14. Oktober 2025.

22 Malcolm Ferguson: «Elon Musk's Grok AI Tool Deletes Post That Sounds Exactly Like Him», *The New Republic*, 7. Juli 2025; Effie Webb: «Grok 3 got a ‹politically incorrect› update ahead of Grok 4's launch», *Business Insider*, 8. Juli 2025.

23 Sascha Lobo: «So kann sich Europa vom toxischen Tech-Nationalismus abgrenzen», *spiegel.de*, 1. August 2025.

24 «Global AI Governance Initiative», 24. Oktober 2024, gd.china-embassy.gov.cn/eng/zxhd_1/202310/t20231024_11167412.htm

25 «Regulation (EU) 2024/1689», 13. Juni 2024, eur-lex.europa.eu/eli/reg/2024/1689/oj/eng

26 Boz To The Future Podcast #23 – The Future According to James Cameron.

27 Siehe https://incidentdatabase.ai

28 Mincome-Studie, University of Manitoba, 1980.

29 Kela-Studie, Finnish Social Insurance Institution, 2020.

30 GiveDirectly / UC Berkeley, 2022.

31 Mein Grundeinkommen/DIW, 2022.

32 Julian De Freitas et al.: «AI Companions Reduce Loneliness», Working Paper 24–078, Harvard Business School, 2024.

33 Laura Bayor et al.: «Social-Oriented Communication with AI Companions: Benefits, Costs, and Contextual Patterns», *Business & Information Systems Engineering* 1/2025, S. 637–655.

34 John Koetsier: «80 % Of Gen Zers Would Marry An AI: Study», *Forbes*, 29. April 2025.

35 «The Dawn of the AI Era: Teens, Parents, and the Adoption of Generative AI at Home and School», Common Sense Media, 2024.

36 Jill Anderson: «The Impact of AI on Children's Development», The Harvard EdCast #446, 2. Oktober 2024.

37 Ebd.; Friederike Eyssel et al.: «‹If you sound like me, you must be more human›: On the interplay of robot and user features on human-robot acceptance and trust», Proceedings of the 7th ACM/IEEE International Conference on Human-Robot Interaction, S. 125 f., 5. März 2012; Friederike Eyssel und Dieta Kuchenbrandt: «Social categorization of social robots: anthropomorphism as a function of robot group membership», *British Journal of Social Psychology* 51(4), 2012.

38 Jill Anderson: «The Impact of AI on Children's Development», The Harvard EdCast #446, 2. Oktober 2024.

39 Henry Chandonnet: «Sam Altman is worried some young people have an ‹emotional over-reliance› on ChatGPT when making decisions», *Business Insider,* 23. Juli 2025.

40 Zou Shuo: «Beijing makes AI education compulsory in public schools», *China Daily,* 21. Oktober 2025.

41 A. Khalaf et al.: «The Impact of Social Media on the Mental Health of Adolescents and Young Adults», *Cureus* 15(8), 5. August 2023; E. Ivie et al.: «A meta-analysis of the association between adolescent social media use and depressive symptoms», *Journal of Affective Disorders*, 2020; H. Shannon et al.: «Problematic Social Media Use in Adolescents and Young Adults», *JMIR Mental Health* 8(4), 2022; X. Li et al.: «Younger, not older, children trust an inaccurate human informant more than an inaccurate robot informant», *Child Development,* 95(3), 2024; Rebecca Stower: «When is it right for a robot to be wrong? Children trust a robot over a human in a selective-learning task», *Computers in human behavior* 157, 2024.

42 «Crash Avoidance Technologies», IIHS, Juli 2025, www.iihs.org/media/290e24fd-a8ab-4f07-9d92-737b909a4b5e/_mTwzA/Topics/ADVANCED%20DRIVER%20ASSISTANCE/IIHS-HLDI-CA-benefits.pdf; «Progression of Automatic Emergency Braking Technology», AAA, Oktober 2024, newsroom.aaa.com/wp-content/uploads/2024/10/REVISED-10-17-24-Full-Research-Report-Progression-AEB-Technology.pdf

43 Jenna Korentsides et al.: «Human-AI Teams in Aviation: Considerations from Human Factors and Team Science», *Journal of Aviation/Aerospace Education & Research* 33(4), 2024.

Bildnachweis

Seite 43: Mit freundlicher Genehmigung der Minsky Family

Seite 76: Moviestore Collection Ltd / Alamy Stock Foto

Seite 131 oben: commons.wikimedia.org, File:Albrecht Dürer – Hare, 1502 – Google Art Project.jpg / PD-Art

Alle übrigen Bilder wurden vom Autor mithilfe diverser KI-Tools generiert, © Andreas O. Loff / Ponywurst Productions.